全世界孩子都在做的
自然科学游戏

李月熙　编译

光明日报出版社

图书在版编目（CIP）数据

全世界孩子都在做的自然科学游戏 / 李月熙编译 . -- 北京：光明日报出版社，
2012.6（2025.4 重印）

ISBN 978-7-5112-2375-3

Ⅰ . ①全… Ⅱ . ①李… Ⅲ . ①自然科学—少儿读物 Ⅳ . ① N49

中国国家版本馆 CIP 数据核字 (2012) 第 077125 号

全世界孩子都在做的自然科学游戏

QUAN SHIJIE HAIZI DOU ZAI ZUO DE ZIRAN KEXUE YOUXI

编　　译：李月熙

责任编辑：李　娟　　　　　　　　责任校对：华　胜

封面设计：玥婷设计　　　　　　　责任印制：曹　净

出版发行：光明日报出版社

地　　址：北京市西城区永安路 106 号，100050

电　　话：010-63169890（咨询），010-63131930（邮购）

传　　真：010-63131930

网　　址：http://book.gmw.cn

E - mail：gmrbcbs@gmw.cn

法律顾问：北京市兰台律师事务所龚柳方律师

印　　刷：三河市嵩川印刷有限公司

装　　订：三河市嵩川印刷有限公司

本书如有破损、缺页、装订错误，请与本社联系调换，电话：010-63131930

开　　本：170mm×240mm

字　　数：180 千字　　　　　　　印　　张：11

版　　次：2012 年 6 月第 1 版　　　印　　次：2025 年 4 月第 4 次印刷

书　　号：ISBN 978-7-5112-2375-3-02

定　　价：39.80 元

前 言
PREFACE

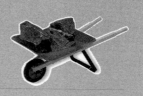

  中国近代著名教育家陈鹤琴曾说过："孩子生来好动，是以自然科学游戏为生命的。"苏联儿童教育专家克鲁普斯卡娅也曾指出："对于孩子们来说，自然科学游戏是学习，是劳动，是行之有效的教育方式。"可见，每个人在成长的过程中都离不开自然科学游戏，它是关于研究自然界各种物质和现象的科学的游戏，包括物理学、化学、动物学、植物学、矿物学、生理学、数学等，它比空洞的说教多了些情趣，比抽象的理论多了些形象。通过自然科学游戏，孩子们不仅可以结合平时所学加以实践，培养学习兴趣，提高自己的认知能力，而且还可以启迪自己的创造性思维，激发想象力，逐渐树立起正确的科学观，从而为以后的学习打下坚实的基础。

  为此，我们编译出版了这本《全世界孩子都在做的自然科学游戏》，力图将世界上最好的游戏书推荐给大家。

  本书精选了96个全世界孩子都在做的，既易于操作又妙趣横生的自然科学游戏，包括简单小实验、趣味小制作、种花植草、养殖虫鱼、观察测量，等等。按可实际操作的最佳环境分为"春季篇"、"夏季篇"、"秋季篇"、"冬季篇"四个部分，不同的季节有不同的游戏，从不同的侧面讲述不同的科学原理。每个游戏都有清晰、详尽的操作步骤，以及相应的"材料和工具"、"自然小贴士"、"你知道吗"等栏目，辅以1000余幅真实精美的现场图解照片，形象、直观地展示了各种游戏的操作方法，引领孩子们进入一个奇妙的游戏世界，指导他们轻松、准确地进行每一个游戏，从而激发他们探索自然、学习科学的浓厚兴趣，提高其动手、动脑的能力。同时，本书新颖、时尚的版式设计既增加了信息含量，又使页面变得生动活泼，让孩子们在趣味的游戏中增长知识、启迪智慧、激发想象、陶冶情操。

CONTENTS

目 录

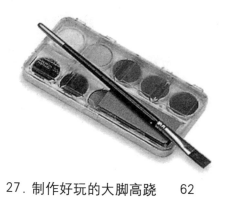

秋季篇········· 111

冬季篇……… 149

INTRODUCTION
准备工作

一、材料与工具

项目中所需的大多数材料你都能在家里找到，然而动手之前还是要做好充分的准备。

昆虫盒或者透镜

昆虫盒或者透镜用于观察小昆虫奇妙精巧的身体结构，也可用于观察植物的某些部分如叶子、种子、花瓣等。

照相机和双目望远镜

这些器材比较昂贵，尽管不是必需的，但却十分有用，如果没有可以去借。

园艺工具

园艺工具包括竹架、铁锹、泥铲等工具。它们可用在各种自然游戏项目中。

笔记本和铅笔

用铅笔和笔记本记下你的所见所闻。

颜料、彩笔、有色粉笔或蜡笔

用无毒的颜料和彩笔给你笔记本中的图画涂好颜色。

白纸和硬卡纸（纸板）

精心挑选不同种类的纸张和硬卡纸（纸板）。许多活动以及标本制作中都会用到。

塑料瓶

你可以反复地利用塑料瓶，它们可以被用来制作成若干种工具。

塑料桶

塑料桶用来收集水和标本。

聚乙烯醇胶水（白胶）

除了特别说明，本书中所有项目一概使用这种黏合剂。黏合剂应该无毒并能自由溶解。

剪刀

使用剪刀时一定要小心，儿童使用时最好有成人陪伴。剪刀宜为圆头。

竹竿

塑料桶

塑料瓶

笔记本和铅笔

彩笔

不干胶标签

塑料袋

绳子

颜料

蜡笔

剪刀

画笔

放大镜

手电筒

PVA胶（白胶）

胶带

镊子

昆虫盒

卷尺

纸张

各种容器

照相机

双目望远镜

不干胶标签
其用在标本盒和标本卡片上，以标注标本。

不干胶带
强力不干胶带在许多项目中都有重要作用。

各种容器
重复使用塑料罐、塑料盒、冰激凌盒、罐子、泡沫塑料盘、汉堡盒、锡箔盘等等。它们可用来收集、保存、制作各种工具。

卷尺或者直尺
用于测量标本以及所需材料的长度。

火把（手电筒）
其用于黑暗的洞穴和角落，夜晚研究小动物时也离不开它们。

镊子和画笔
你要稳稳地拈起较小的生物，镊子或者刷子会让你的工作轻松许多。

二、园艺工具

不用太多特别的工具，也无须备齐这些工具才开始园艺活动。对于许多项目，一把泥铲、一把手叉就可以轻松完成。但是，当你越来越热衷于园艺时，多准备些工具就十分必要了。

竹竿

竹架用于为植物树桩，建造肥料仓，以及为攀爬植物搭建棚架。

扫把

园艺活动和家务活非常相似，总是有许多整理清洁工作要做。

桶

桶用于盛放种子、土壤和水，以及放置手持工具。

盆栽肥料

其用于盆栽的室内植物。它会为你的植物提供所需的各种养分。

叉子

叉子用于松土，堆肥和施肥。

园艺手套

园艺手套可以保护双手不受荆棘花刺和荨麻的伤害，也可以保持手的清洁。挑一双最合适的手套，太大或太小都会影响使用。

小刀

小刀常代替剪刀使用。

锄头

锄头用于锄草。它像一把利刃割断杂草的根部，使之枯萎，死亡。

手叉

用于细致地疏松小花床、窗槛花箱中植物之间的土壤。

耙子

耙子会使土壤表面变得平坦。

剪刀

剪刀主要用于剪断园圃用的合股线，同时也用于剪切各种东西。

修枝剪（大剪刀）

修枝剪切断植株的茎干和小枝条。

种子盘

种子盘用于播种和培育秧苗。

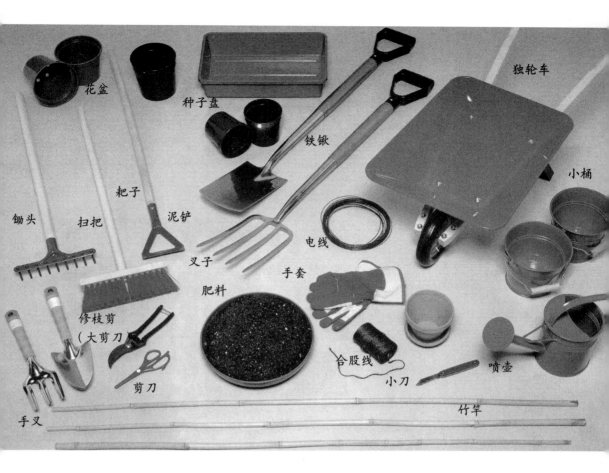

图中标注：独轮车、花盆、种子盘、小桶、铁锹、耙子、泥铲、锄头、扫把、电线、叉子、手套、修枝剪（大剪刀）、肥料、合股线、小刀、喷壶、手叉、剪刀、竹竿

铁锹

铁锹可用来疏松土壤，为种植的树木和灌木挖坑时也用得到。

泥铲

泥铲是一种小型的铁锹，用于挖掘小型坑洞，或者挖除大型杂草。

合股线

合股线是一种园圃用的线绳，用于固定植物，或者拉成直线使用。

独轮车（手推车）

独轮车用于在花园里推运各种物品。

喷壶

喷壶是非常重要的工具，因为植物离开水会立刻枯萎。栽种好幼苗后，应立即用喷壶给植物来一个细雨般的淋浴。

金属线或电线

这些线用于保持植物朝围墙和篱笆的方向生长，小段的电线也可以用做固定用的围线。

三、养护土壤

土壤是由颗粒状矿物质以及各种动植物残骸组成的。它是一种很神奇的东西，如果没有土壤，植物就无法生长，人和各种动物就无法生存，所以它是很值得我们仔细照顾的。

健康的土壤

健康的土壤中活跃着各种小生物。许多小生物小到你的眼睛根本无法辨认。事实上，一茶匙土壤中就含有几十亿个忙忙碌碌的小生物。

蚯蚓和小甲虫经常因为它们的辛勤劳动而受到人类的称赞。它们在土壤中钻洞，放进空气和水，还能使多余的水分排出土壤。大量的落叶和植物碎块成为它们的美餐，然后被变成植物们赖以为生的高养分肥料。

土壤是有生命的，就像孕育其中的植物以及各种生命，一样需要你的悉心照料。

蚯蚓

土壤

落叶

挖掘与耕犁

挖掘与耕犁使得空气能够进入土壤，这对植物的根系以及所有生活在土壤中的小生命起着至关重要的作用。永远不要在土壤潮湿的时候栽种，没有空气的土壤就是一团泥浆。翻起土壤，使得约 30 厘米深的土壤被翻动。所有的大土块，保持表面平整。

当你在花园里劳动时，注意不要踩到植物周围的疏松土壤上，那样会挤掉其中的空气。

富含落叶的肥土

农家肥

化肥中富含植物所需的营养元素，种类繁多，外形有颗粒状、粉末状和液态等。化肥的包装上通常清楚地说明了适用植物的种类和使用方法。

堆肥

肥料和堆肥的魔力

化肥

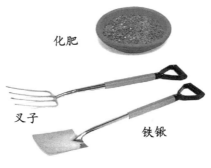

叉子

铁锹

"防草护株"是指在植株周围的土壤上覆盖厚厚一层农家肥或者堆肥。大约1年时间，覆层会自然消失。与此同时，它能营养并调节土壤，阻止各种杂草的生长。

　　土壤和各种有生命的东西一样，需要施肥。自然界中，树叶要脱落，各种动植物会死亡并腐烂。在花园里，我们则需要施加各种农家肥、堆肥和化肥等，以提高土壤肥力。

　　农家肥是腐烂的垫圈草垫和家畜（如马、牛等食草动物）的粪便。它是一种极好的土壤肥料，因为它能够使土壤保持水分和疏松。它还富含植物所需的养料。

　　如果你家附近没有农场或者马厩，可以用园圃堆肥代替农家肥，这是人人都可以制作的肥料。用一个收集容器将自厨房中抛弃的果皮、植物茎叶以及花园里的残枝枯草收集起来，堆成一堆，几个月后它们会自然腐烂，最终变得像土壤一样，成为各种植物的"大餐"。

　　用叉子将农家肥和堆肥填入土壤和待种植的坑洞中。在种好的植株周围尽可能多地堆些肥料，这样既有利于植物良好地生长，也能省去许多锄草的力气。这被称为"防草护株"，是给土壤和各种植物的一份厚礼。

四、保障安全

这里有一些你必须牢记的重要事项，都是关于如何自我保护和保护乡间各种动植物的。

3 当你接近水边、河岸、光滑的岩石、海滩、激流以及软泥时，一定要特别小心。看上去比较危险的地方，千万不要接近！如果是夜晚外出，或是去野外参观游玩，那么一定要找一位你熟悉和信任的大人与你同行。

1 锋利的刀子和电使用起来都很危险。一定要让成人帮助你使用这些工具。

4 有些强力胶和涂料会发出有毒的烟气，所以一定要在通风良好的地方使用，户外最佳。一定要特别认真地阅读产品的使用说明和注意事项。

5 有些地方生活着危险的动物和有毒的植物。多向大人询问，确定是否有会咬人的动物或能蜇伤人的植物生长在附近。

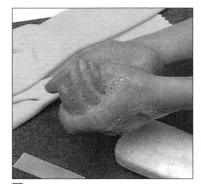

2 一些动物会携带有害的病菌。接触它们后一定要洗手。病菌也生长在小河与池塘中。如果你的手不小心被划破了，贴上一片创可贴，在浸入池塘或小河前带上橡胶手套，最后一定要把手清洗干净。

6 许多菌类都有毒。不要随便碰触它们，只有懂行的大人能够确定它们是否有毒。

7 许多浆果也是有毒的。让大人告诉你哪种是能够接触和安全食用的。

五、保护环境

遵照这些简单规则，大家一起来保护环境，为环境安全负责。

1 未经允许的情况下不要随便采摘野花。在很多国家，这种行为是不合法的，你可以拍照或绘图以代替采摘。

2 把圆木和石块移回原处。只有这样才能够保护下面的微小生态环境——许多小生命赖以生存的天堂。

3 靠近农场动物时，牵好你的狗。

4 关紧门窗，沿着别人踩出的小路走。要听从农场主人的指挥。

5 注意防止火灾。一个扔掉的烟头，一次烧烤都可能引起一场森林大火。火灾会使方圆千里的栖息地被毁，成千上万的动物死亡。

6 把垃圾带回家。它不但大煞风景而且会伤害甚至杀死许多野生动物。

六、采集与记录

学习自然最容易的方法就是观察和倾听。但是，如果能写下你所看到的东西，你以后就再也不会忘记了。准备一个自然笔记本，坚持做笔记，你很快就会发现事物在一年中的变化是多么神奇和伟大！

铅笔

笔记本

彩笔

1 每次外出时，你都能看到一个或几个栖息地。顾名思义，栖息地就是动植物生活的地方。一个公园、一座花园、一棵大树、一个湖泊都是一处栖息地。

2 在笔记本中列一个清单，记录下你所见到的各种各样的栖息地。

3 每次外出时，给你见到的不同种类的动物和植物做一个清单。每种植物或动物被称为一个物种。

4 一些动物和植物经常被同时发现。图中的蜜蜂正在矢车菊上觅食。在你的笔记本中写下以下内容：你在哪里看到这些动物？它们和什么或谁在一起？它们将要到哪里去？

5 有时你会看到不寻常的景象，比如这个童话般的蘑菇环。记下它，然后绘图或者拍照。把你的照片和图画贴在笔记本里。

6 你有时候也许会碰到陌生的动物或鸟类。把它们的模样画在笔记本中，记录下它们的颜色和外形，标明在何处发现以及发现该动物时它的活动。回家以后你就可以用《野外指南》来辨认了。

SPRING

春季篇

　　漫长的冬季终于悄悄地溜走了。白天开始变长，天气开始变暖。憋在屋里过周末的你开始感到需要在户外自由地奔跑了。仔细地观察，你会发现，随着大自然从她持续整个冬季的漫长沉睡中醒来，周围的环境发生了惊人的变化——树枝上冒出新叶，稚嫩的幼芽破土而出，动物们都从冬眠中苏醒，鸟儿开始筑巢……这是一年中多么激动人心的时刻啊！让我们走到户外，尽情地享受这美妙的春天吧！

SPRING

1. 制作石膏印模

动物们常常在松软的泥地和沙地上留下自己的脚印。给脚印做一个石膏模型，留下永久的记录。石膏干了以后你可以发挥想象，涂上绚丽的色彩。

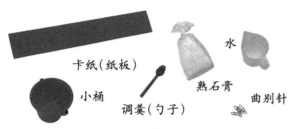

卡纸（纸板）
水
小桶
调羹（勺子）
熟石膏
曲别针

材料和工具
＊一条卡纸（纸板）
＊曲别针
＊熟石膏
＊水
＊小桶或者塑料浴盆
＊调羹
＊小泥铲
＊旧刷子或者牙刷（可选择）

1 在泥地和沙地上寻找动物留下的脚印。

2 选择比较清晰的脚印。

3 用卡纸（纸板）把脚印围起来，用曲别针别好。将一小段卡纸轻轻向下插入泥土中。

4 接着，调和熟石膏。在小桶中放入少量的水，加入石膏粉，搅拌均匀。

5 把石膏糊倒入模型中，离开，等待石膏定型。

6 定型后，用小泥铲把脚印模挖出来，清除掉黏附的土壤和沙子。你或许需要一柄旧刷子或是牙刷来清理细小的缝隙。

2. 追踪蜗牛

花园里的蜗牛们聚成一堆，懒洋洋地睡在一起，这种生活方式被称为群居。它们日复一日地爬回到固定的地点睡觉。

材料和工具

* 儿童用可剥落的指甲油
* 花盆
* 小石块

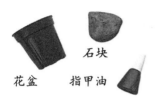

石块
花盆　指甲油

1 在花园或公园里寻找一窝群居的蜗牛。

2 你会发现它们在石头、砖头或圆木下聚成一堆。

3 挑选 10 只蜗牛。在它们的壳上涂一点指甲油。

4 收集起做好记号的蜗牛，把它们放在附近一个倒扣的花盆下面。在花盆的边沿垫一块石头，以便蜗牛们可以慢吞吞地蠕动出来。第 2 天清晨，看看是否能找到这些蜗牛，它们是不是还在花盆下面呢？

自然小贴士

在你发现这些蜗牛后，要轻轻地把指甲油剥落下来，否则鲜艳的颜色会吸引蜗牛的天敌——鸟类。

3. 喂养鼻涕虫和蜗牛

　　鼻涕虫和蜗牛可以养在水族箱中。按下面的步骤，你将会学到如何为它们安一个温暖舒适的家。

材料和工具

* 沙砾
* 小水箱或者大的冰激凌盒
* 土壤
* 苔藓和小草
* 小石头、树皮以及干树叶
* 纱布或者编网
* 线绳
* 剪刀

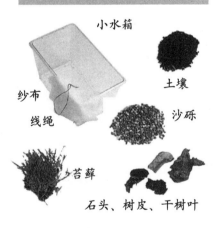

小水箱

纱布

线绳

土壤

沙砾

苔藓

石头、树皮、干树叶

自然小贴士

　　把你的蜗牛们养在阴凉的地方。给它们喂少量的早餐麦片(糖不要太多)、小片的蔬菜和水果。需要的时候再放一些新鲜的青草和绿叶。

1 在小水箱或者其他容器的底部铺一层沙砾。

2 在沙砾上盖一层土。

3 在土壤中种上小块的苔藓和小草。放入石块、树皮和干树叶。向水箱中淋水，直到土壤变得潮湿。

4 放几只蜗牛和鼻涕虫，用纱布或编网盖在箱口。用线绳扎好箱口，盖上盖子也行。但要保证箱口留有较多的气孔。

4. 饲养毛毛虫

下面介绍的是一种美观且干净的饲养毛毛虫的方法。最终它们会化成蛹，然后变为美丽的蝴蝶或飞蛾。

材料和工具

* 收集瓶
* 塑料瓶
* 剪刀
* 纸巾
* 广口瓶
* 胶带
* 纱布或者编网
* 橡皮圈或者绳子

1 在卷心菜或者其他植物上找一些毛毛虫。把它们放入一个收集瓶中。同时，从毛毛虫生活的植物上采集一些叶片。

4 把叶子放入瓶中，茎从瓶口穿出，纸巾刚好形成一个塞子，把枝叶固定。

塑料瓶

收集瓶　　纱布

橡皮圈　　剪刀　　胶带

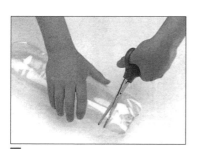

2 用剪刀将一只塑料瓶的瓶底剪下。

5 将瓶颈倒立插入一个有水的广口瓶中，使植物的茎没入水中。如果塑料瓶左右晃动，站立不稳，就用胶带把它固定在广口瓶上。

3 取一束毛毛虫"游览"过的植株和叶子，用纸巾包住茎部。

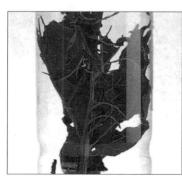

6 把毛毛虫放入瓶中，瓶顶用一片纱布盖好，然后用橡皮圈（皮筋）或者绳子扎牢。定期给你的毛毛虫宝宝们喂食。

自然小贴士

每隔几天，清理并洗净瓶子，晾干，给毛毛虫们喂一些新鲜的植物。毛毛虫最终会变成像小香肠一样的蛹。留着这些蛹，直到蝴蝶或者飞蛾破茧而出，然后把它们放归自然。

5. 制作浮游生物捞网

　　微小的水生生物通常会漏过普通的渔网，我们将要制作的这种捞网就是专门用来捕捉它们的。

材料和工具
＊粗铁丝
＊旧的紧身裤（女式连裤袜）
＊剪刀
＊长竹竿
＊线绳
＊小的塑料广口瓶

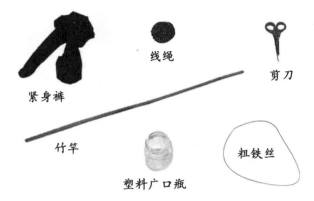

紧身裤　　　线绳　　　剪刀

竹竿　　　塑料广口瓶　　粗铁丝

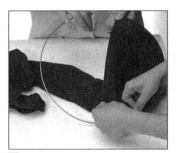

1 把铁圈套入紧身裤的腰里。

2 剪掉裤腿。

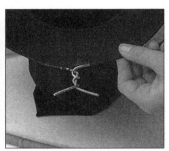

3 将铁丝的两端绕牢。

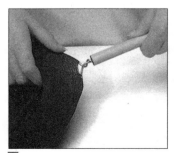

4 把缠绕的铁丝插入竹竿的一端。

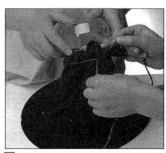

5 用线绳将网的底部与广口瓶的瓶颈扎好，尽量扎得牢固些以防脱落。

6 当你使用这个捞网的时候，池塘里的小生物就被捕获，困在网底的广口瓶中了。

6. 发现池塘和小河底下的秘密

水面下生活着丰富多样的动植物。把渔网或浮游生物网浸入池底世界、河底世界，探访生活在那里的生命。

1 在一个冰激凌盒里灌满池水。当你抓到小动物的时候可以把它们放在里面。

2 用渔网或浮游生物网在水草丛中来回扫动若干次。

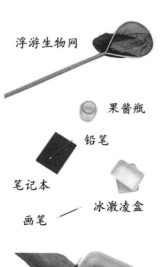

浮游生物网

果酱瓶

铅笔

笔记本

画笔　　冰激凌盒

3 将浮游生物网收集到的东西倒入水桶中。方法是：把网底的广口瓶从网口推出，将网布拉到瓶颈的后面，然后把水倒出来。

4 很快你会发现种类繁多的水生动物。图中就有两种不同的池塘蜗牛——圆形的塘螺和尖角形的大田螺。

5 用画笔仔细地挑出你捕获的动物，放进一个注满水的清洁的浅底盘或者冰激凌盒子中。你可能会捞到一些垃圾，比如枯枝烂叶之类，而清水可以冲去杂质，使你更清晰地观察这些动物。

6 你也可以把它们放入一个大的果酱瓶，或者水族箱中。辨认你捕获的物种，在笔记本中做好记录。探访不同的池塘、湖泊、河流，你发现了生活在不同地方的相同物种了吗？

安全小贴士

无论水看起来多么浅，都要时刻保持警惕！

7. 认识海滩上的生物

海滩是许多生物的乐园，但我们必须努力地寻找才能发现它们的踪迹。海滩上会有潮起潮落，所以不同的动植物会在海滩的不同水平面上出现——从顶部（海滩开始的地方）到底端（离海水最近处）。观察不同的横截面是测量这些变化的一种手段。

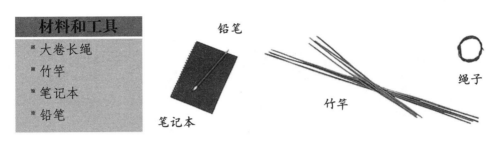

材料和工具
* 大卷长绳
* 竹竿
* 笔记本
* 铅笔

铅笔

笔记本

竹竿

绳子

1 退潮后，取一根长绳，从海滩的起始端向大海的方向拉伸。用竹竿将绳子绷直固定。从海滩顶部开始，沿着绳子向大海走。每50步停下来一次，在你的笔记本中记下你在不同距离处发现的所有动物和植物。

2 在海滩的顶部（离陆地最近的地方），能发现一些能够在高盐分土壤中生长的陆生植物。

3 滨线（高潮线）就是涨潮时所到达的最远的地方。那里生活着沙蚤和海草蝇。

4 在海滨上部能找到绿藻。

5 海滨中部通常生长着大面积的褐藻，也称岩藻，附生在岩石上的藤壶也是这个区域的一些主要植物。

6 当你发现红藻和巨褐藻（海带）奄拉在岩石上的时候，你已经来到了海滨底端。这部分海滨只在退潮的时候才暴露出来，在这里居住的小生物种类是最多的。

8. 室内育种

夏季开花的观赏植物大部分都来自于温暖的地区。若要在寒冷的国度种植，我们必须先在室内培育，直到严寒退去才能搬到户外。

材料和工具

* 育种或者花盆堆肥（土壤）
* 种子盘
* 平底小花盆
* 种子
* 浅底盘

浅底盘

种子盘

花盆堆肥（土壤）

种子

平底小花盆

1 将育种堆肥或者花盆堆肥（土壤）填满一个种子盘。多装一些，然后将堆肥（土壤）抹平，用一个平底小花盆轻压表面使各处平整。

2 播下种子，小心地将它们隔开约1厘米左右。

3 在种子上覆盖少量的堆肥（土壤），看不到种子即可。

4 为了避免浇水时影响它们的发芽，将种子盘放入一个盛水的浅底盘中。这样一来，它们就可以从下面吸取水分。一次少加一些水，如果堆肥（土壤）足够潮湿，那么种子盘会比较沉重，你能看到表面的潮气闪闪发光。

园丁小贴士

不要忘记在标签上写下种子的名称，并把它插进盘中，这样你就不会忘记你种了什么啦。

9. 分育幼苗

当种子发芽并长出一些叶片后，就需要被分开，独立生长。这样每棵植株才有足够的空间长得更高大。

材料和工具

※ 小花盆
※ 花盆堆肥（土壤）
※ 小木棍
※ 喷壶

喷壶

小木棍

小花盆

花盆堆肥
（土壤）

1 找一个盛满堆肥（土壤）的小花盆，轻轻地将其填实压平。

2 一只手用小木棍将幼苗掘出堆肥（土壤），另一只手捏牢一片秧叶以扶住幼苗。

3 将幼苗移入另一个花盆。用木棍挖一个足够深的坑，这样幼苗的根才能舒服地住进去。

4 将幼苗植入坑中，用一些堆肥（土壤）轻轻压实根部。要非常小心，它们很脆弱。浇些水，最后用喷壶给它们来一个温柔的淋浴。

你知道吗？

植株最底部的第1对叶片叫作子叶。通常它们看起来与其他叶片有所不同，幼苗们利用它们来提供生长所需的初期能量。

10. 开辟一片苗床

当你知道如何下手，再稍微努力实践一下，开辟苗床就不再是件难事了。尽可能的平整很重要，那样娇小的种子才能深入小土块中获取最多的水分和食物。

材料和工具

* 铁锹或者叉子
* 耙子
* 竹竿
* 短棍
* 种子

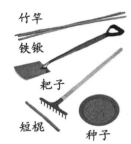

1 用铁锹或叉子把土壤翻一遍，直线进行。打碎行进中碰到的所有大土块，清除所有的杂草和石块。

2 为了表面平整，土壤必须坚实。走几个来回的鸭子步，用你的脚跟把翻松的土地压实。

3 用耙子将地面推平。轻轻地前后拖动耙子，扫除剩余的石块。

11. 室外播种

有些植物必须在室内播种，因为它们的幼苗还不够强壮，不能应付户外严酷的环境。也有些植物可以直接播种在土地里，但是要仔细阅读包装说明，保证播种时间契合时宜。要想在户外播种，你得先学会条播法。

1 要进行条播，首先你要把一个带直边的工具（如竹竿）放在待播的土壤上。然后用一根短棍沿着它挖一个凹槽，深度2厘米左右。

2 大粒的种子直接置入槽中，间距至少1厘米。若是小种子，就选择无风的日子一小撮一小撮均匀地撒在槽中。

园丁小贴士

不要忘记写一个标签插在每一行的末端。

3 拢土将种子盖好，轻轻拍实。

4 盖牢所有的种子之后，用喷壶淋透。确保喷壶柔和地出水，否则种子会被冲离苗床。

12. 清除杂草

　　杂草是非常聪明的、成功的植物，它们最大限度地利用着适宜它们的机会。有些植物，如蒲公英和朱草，有着修长饱满的根系，土壤中只要留有一小片，便能迅速生长。一些植物（如喇叭花），它皮革般坚韧的根系蛇行于土壤之中，缠绕的茎干生长迅速，能很快控制视野中的一切。

清除"长寿"的杂草

　　　　清除它们需要费点力气。用铁锹或泥铲恰当地掘入土中，尽可能多地刨出它们的根系。

喇叭花

　　这是一个着实令人讨厌的家伙，因为它能够从留在土壤中的微小根须中重新生长起来。它用缠绕的茎干攀爬，如同魔爪般令其他植物窒息。

荨麻

　　它有两种不同的类型：形态较小的品种只能存活较短时间，根系为白色；而较大的则可以存活数年，散布的茎干蔓延在土壤上，根系为黄色。小的品种可以戴手套轻松地拔出，而大的品种则需要一点耐心，来将长根和爬行的茎干全部铲除。注意，它们都一样能够狠狠地刺痛你！

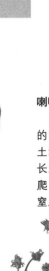

朱草

　　这种野草有着湛蓝的花朵，但在花床中它却是一个恃强凌弱的家伙，最终会独霸一方。它和蒲公英一样有着又粗又长的主根，所以较难挖出。

蒲公英

　　你必须深挖才能把这个家伙掘出来，只要有一小团根块留在土壤中，它便能迅速繁衍。众所周知的"降落伞"就是一个种子头，会被吹散在风中。

清除"短命"的杂草

这类杂草大部分可徒手拔除，或者用锄头将根部铲断，留下上端自然枯萎死亡。这类杂草通过种子繁殖，所以要在开花前消灭它们。

酢浆草

它有着美丽的花朵，但不要被它的外表迷惑，这是一种非常顽固的杂草。它从埋在地下的球茎中生发出来，所以球茎一定要完整地挖除，并小心地扔掉。不要把它们放在肥土堆上，否则它们会传播得更广。

苣荬菜

它们长在花床或菜床中，清除的最好办法就是锄掉或连根拔起。苣荬菜的种子很轻，还有绒毛，使得它们能够随风飘散。你若是折断它的茎干，便会有乳液流出。

山靛

这是一种子孙遍天下的杂草，轻松地拔除或者锄死就能使它们销声匿迹。

车前草

它多长生在草坪中，它巨大而扁平的玫瑰花状叶片紧紧地"抱住"大地，以逃脱割草机的清理。它虽然比较顽固，但通常徒手就可以拔除。

荠菜

它是一种生长迅速的小杂草，草籽三角形，潮湿的时候有黏性，经常蹭着靴子和农具四处旅行。每株每年能结出多达4000颗种子，这些种子能在土壤中存活30年之久！

千里光

这是一种随处可见的植物，但它还算容易对付，一定要在结籽前把它们清理掉。

13. 辨别益虫、害虫和丑虫

小昆虫可能是园丁的朋友，也可能是园丁的敌人，所以分清敌我是很重要的。益虫如瓢虫和草蜻蛉幼虫，当然也有一些捣乱的坏家伙。

下面有一些最常见却十分重要的小昆虫，在你的花园里很容易找到。要使对你有益的昆虫留下来，你必须设法为它们创造良好的环境。不要害怕它们！他们比你小得多，却是花园里的"大人物"。

我们是益虫

蜜蜂

没有蜜蜂你就吃不上蔬菜和水果，因为它们在花朵的授粉过程中起着至关重要的作用。

瓢虫

成年瓢虫和它的幼虫都是消灭绿蚜虫的好手，能帮助人们控制蚜虫数量。

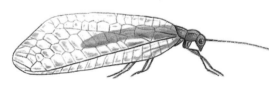

草蜻蛉

这些美丽的小虫有着带花边的透明翅膀，它的幼虫以破坏植物的绿蚜虫为食。

甲虫

甲虫在黑夜中潜行，它会消灭那些偷吃植物的昆虫。

我们是害虫

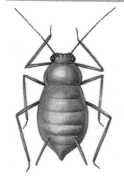

毛虫

    毛虫们如饥似渴地蚕食着各种植物。如果它们出现在你的卷心菜上，你一定很想除掉它们。然而，许多毛虫还能变成美丽的蛾子和蝴蝶。

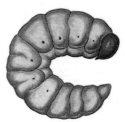

葡萄象鼻虫

    毫无疑问，这是个十足的坏蛋！成年象鼻虫过着诡秘的生活，它以植物的叶子为食，但造成真正破坏的是它们的幼虫。这些"小家伙"以植物的根为食，通常生长在陶盆和花箱中，当然在花床里你偶尔也能发现它们的身影。遭受攻击的植物开始枯萎，接着一触即倒，因为它们已经没有根了。一旦发现它们的踪迹，要立即铲除植株并清理干净生长感染植物的堆肥或土壤。

绿蚜虫（蚜虫）

    绿蚜虫（蚜虫）有尖尖的嘴巴（针式口器），能刺穿植物的枝叶，吸出树汁。受迫害的植物则因为"失血过多"而变得畸形、虚弱。喷射的水柱能够减少它们的数量——肥皂水更佳。大量地喷洒化学药剂杀虫为我们带来一个问题：许多通常能控制蚜虫数量的益虫也无缘无故地成为牺牲品。

鼻涕虫

    鼻涕虫是园丁的大难题。它们酷爱大嚼鲜嫩多汁的幼苗，破坏我们悉心培育的劳动成果，然后留下一道泄露行踪的银色痕迹。防治鼻涕虫最好的办法就是在它们夜晚享受美餐的时候，摘除它们，放在一瓶盐水中。或是买一些杀虫药球。

我们是益虫

    想挽留益虫住在你的花园中，你就要为它们准备合适的住处。

丑陋的小虫

百合甲虫

    百合甲虫常常被人们忽视，因为它们披着鲜红的外衣。然而它们的幼虫却是最丑的虫子之一。它们裹着厚厚一层令人讨厌的果冻状黏液来保护自己。成年甲虫及其幼虫均以百合花的枝叶为食，它们可以飞快地剥光一株植物，所以要特别小心这些可恶的家伙！

14. 培育种芽

怎样才能不使用花园而在一年的任何时候都能培育出新鲜的蔬菜呢？育芽、发芽的种子生长迅速，不但美味而且对身体大有裨益，可谓优点多多。图中的豆芽是用绿豆萌发的，但其他干种子如鹰嘴豆（桃豆），完整的小扁豆亦可。要想达到最快的效果，就尝试一下紫花苜蓿子。这些东西可以很方便地从任何健康食品店和超级市场中买到。

材料和工具

* 平底盘
* 棉絮或卫生纸巾
* 一些绿豆
* 报纸

报纸　　　绿豆　　　平底盘　　　棉絮

1 清洗豆粒并在冷水中浸泡一夜。

2 第2天清晨，取一只平底盘，在盘底上覆上一层棉絮或者几张卫生纸巾，再淋些水。

3 再清洗一遍豆粒，并把他们均匀地撒在潮湿的盘底上。

4 盘子用报纸遮光盖住，并将其置于温暖处。豆子很快萌发，6～9天后即可食用。注意可别让它们长得太长，饱满的豆芽，约2.5厘米，才会比较鲜美。

新方法

另一种适于大号种子的育芽方法：将一大勺干种子，如鹰嘴豆（桃豆）等，倒入一个广口瓶中，瓶口覆盖一小块粗棉布（纱布），用皮筋扎牢。瓶内加水，晃动一下瓶子，然后将水倒出。每日重复这个过程1次（2次更好），以防止它们变质。一般2～7天即可发芽。

你知道吗？

如何烹制豆芽呢？首先将其洗净，然后在盐水中煮两分钟，捞出控干，再拌上黄油，并点几滴酱油，一道美味的豆芽就大功告成了！

15. 巧妙地扦插

初春时节，鲜嫩的新枝蓬勃生长，剪断后可用于生根。尝试着剪切多种不同植物。有些植物虽然易于扦插，但是不亲自动手就不会知晓其中奥妙所在。

材料和工具

* 平底小花盆
* 花盆堆肥（土壤）
* 小刀或者剪刀
* 倒挂金钟
* 塑料袋
* 一截绳子

1 取一只平底小花盆，用为扦插特别调配的堆肥填满花盆。

2 用小刀或者剪刀切下一段至少5厘米长、带三组叶片的茎尖。

3 轻轻摘下最下面一组叶片，注意不要撕破茎。

4 在堆肥（土壤）中挖一个洞，放入插条。轻轻将插枝在堆肥（土壤）中压实，再插入若干插条，间距约3厘米左右。

安全小贴士

使用任何锋利器具的时候，都要特别小心！

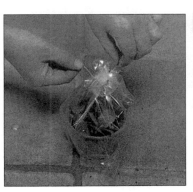

5 将堆肥浇透，然后套上一个塑料袋，顶端用绳子扎好。把它放在一个明亮的窗口，细细观察一株新植物的生长！

16. 合理利用阳光地带与背阴地带

花园中的每个地方都有适合生长的植物，阳光明媚或是略有阴暗都不是什么问题。下面有两处小花园：一个为阳光而设；令一个则是阴暗的领地。

利用阳光地带

除了万寿菊、矮牵牛花和大波斯菊等，几乎所有植物都不适合干燥而炎热的环境。灰色叶片的植物如绒薰衣草，大都来自温暖的国度，生活在阳光充裕、炎热的环境下。下页遵照阴暗地带打理方法的步骤 1 和步骤 2 也可为向阳花园准备。

材料和工具

* 泥铲
* 大波斯菊
* 绒薰衣草或其他
  灰叶植物
* 矮牵牛花
* 万寿菊

大波斯菊

万寿菊

矮牵牛花

泥铲

1 当你开辟出一片天地的时候，在后方栽种上大波斯菊幼苗。它们可高达 1 米。

2 在矮牵牛花的前面栽种绒薰衣草，每逢初夏它都会开出可爱的小黄花。

3 在花床的前部栽种矮牵牛花和万寿菊。充分浇水。

园丁小贴士

一定要在结子前摘除所有枯萎的矮牵牛花和万寿菊，否则它们会让你头昏眼花好几个月。

利用阴暗地带

有些植物会在阴暗的花床中繁盛起来，但是整个夏季的缤纷色彩，都比不上倒挂金钟和凤仙花的组合。当然也可以采用报春花、百合花和蕨类的组合，它们也十分抢眼。

材料和工具

* 堆肥或者化肥
* 泥铲
* 倒挂金钟
* 凤仙花
* 车前草种子
* 叉子

倒挂金钟

凤仙花

车前草种子

泥铲

1 拔出或锄断所有的杂草。

2 用叉子翻起土壤，叉入充裕的上等花园堆肥、农家肥或者化肥，给土壤足够的肥力。

3 首先在花床的最后方种上植株最高的植物——倒挂金钟。用泥铲挖一个坑，略深于花盆，然后小心地将倒挂金钟移出花盆，栽种在坑里。

4 在倒挂金钟周围种上凤仙花，间距约20厘米。喷淋间隙中的车前草种子，然后给花园来一个整体淋浴。

17. 播撒野花种子

　　用种子种植野花不但非常方便，而且能把花园装扮得美丽可人。它们会吸引很多昆虫到访，随后又会引来更多的鸟儿。

材料和工具

* 种子盘或者花盆
* 土壤
* 一袋野花种子
* 塑料袋

塑料袋　　　　　　　　　土壤

种子盘

种子

1 在种子盘或者花盆中铺一层土壤。

2 撒上种子。

3 种子上方覆盖一层土壤。

4 浇水。盖好盖子或者套上一个塑料袋。放在窗台上。

5 幼苗破土后，移除塑料袋。定期浇水，当它们长大一些后，将幼苗植入宽大的花盆或者直接种在花园里。

18. 种植向日葵

　　向日葵是花园中生长最迅速的植物之一。只要6个月它们就能超过其他伙伴，轻而易举地长到2～3米高。

　　在多风的季节，它们需要一些支撑来防止跌倒。依着墙和篱笆种植，或者用一根长竹竿固定都是很好的方法。

材料和工具

* 花盆
* 花盆堆肥（土壤）
* 向日葵种子
* 喷壶
* 长竹竿——至少2米长
* 绳子

花盆　　向日葵种子　　花盆堆肥（土壤）

绳子　　竹竿

1 在花盆中填满堆肥（土壤），播下两三颗向日葵种子，深度约1厘米，然后用喷壶浇透。

2 种子萌发后，仅留下最强壮的一株，其余的都要拔掉。

3 将花盆置于阳光充裕的窗口，直至幼苗长大。天气转暖后把植株移到户外。

4 在植株旁插一根竹竿，把它们系在一起。当向日葵出现花苞时测量一下，看看它到底长了多高。

19. 培育百合花

很少有一种花像百合花那样受到人们的追捧。它们风格迥异、色彩缤纷、芬芳馥郁，不但简单易种，而且非常适合在花盆里种植。挑选时一定要拣肥大、健康、根系粗壮的球茎。

材料和工具

* 鹅卵石
* 大花盆
* 花盆堆肥（土壤）
* 3 个百合花球茎

花盆堆肥（土壤）

大花盆

鹅卵石　　百合花球茎

1 在大花盆底铺上一层鹅卵石，便于排空多余的水分。

2 盆中填入半盆花盆堆肥（土壤）。

园丁小贴士

花朵凋谢之后就应立刻剪掉。去除叶片，等到秋天来时再将球茎重新植入新鲜的堆肥中，美丽的百合花会再度重现！

3 植入百合花球茎，要特别注意根部。要尽量均匀放置，中间位置最佳。

4 盖好堆肥（土壤），直到没过花盆边沿下方，然后浇透。

20. 把旧靴子变成花盆

你一定以为这是一件艺术品吧？这种鲜花簇簇的美妙方法把旧靴子变废为宝。越大号的靴子效果越佳。这个例子说明，几乎所有底部带排水孔的容器都可以用来种植花草。试试旧球鞋，运动背包，或者旧帽子之类，都能为千篇一律的花盆增添些新意。

材料和工具

* 小刀
* 旧工作靴
* 花盆堆肥（土壤）
* 精选的草垫植物
* 喷壶

草垫植物　　小刀

喷壶

旧靴子　　花盆堆肥（土壤）

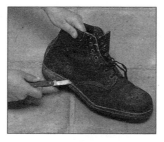

1 小心用小刀（也许你需要找大人帮助），在鞋底缝合处，开一些小洞用以排水。如果鞋子上有自然气孔那就更好不过啦！

3 种上耐干旱、耐高温的植物，如天竺葵、马鞭草。它们能蔓过鞋子的边沿，蓬勃生长。

5 夏季的时候要每天给花靴浇水，如果你每星期浇一次溶有化肥的营养水，它们就会茁壮成长，开得更加旺盛。

2 在靴中填满花盆堆肥（土壤），把它们压进鞋头部分。

4 间植一些色彩能形成鲜明对比的三色紫罗兰和蔓生的半边莲属植物。半边莲可以生长在很小的空间中，会铺满整个边沿，散落出来，十分精致。

安全小贴士

使用利器时要特别小心！

21. 在报纸筒中种植甜豌豆

没有一种花能比甜豌豆花更香甜。它们暗香浮动，精致典雅。种植好甜豌豆花的关键就在于每天都要剪掉已开的花朵，防止它们结子，这样才能延长花期。小心弄巧成拙哦！幼苗有修长、脆弱的根系，所以理想的花盆是报纸卷成的长筒。用时可以连花带"盆"一起植入土中，这样根系就不会被伤害到了。

材料和工具

* 甜豌豆种子
* 一小茶碟水
* 报纸
* 订书机
* 花盆堆肥（土壤）
* 塑料盒
* 泥铲

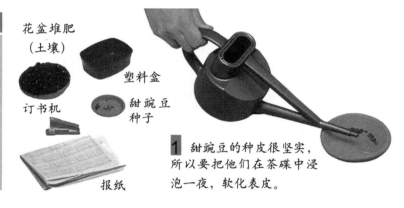

花盆堆肥（土壤）

塑料盒

订书机

甜豌豆种子

报纸

1 甜豌豆的种皮很坚实，所以要把他们在茶碟中浸泡一夜，软化表皮。

2 次日清晨，将双层报纸折成三块。

3 然后卷成一个纸筒，用订书机订牢。

4 用手堵住一端，填入花盆堆肥（土壤）。

5 多做几个纸筒，把它们直立在一个塑料盒中，每个纸筒种3颗种子，约1厘米深。浇透。把它们放在阴凉的地方。当它们长到差不多10厘米高的时候，夹除茎干的顶端（打顶）。

6 在春季把它们种到户外，靠近可供它们攀爬的线网或竹竿。多浇水。

安全小贴士

使用利器时要特别小心！

22. 种植马铃薯

　　自家种植的马铃薯要比买来的美味得多，没有什么比马铃薯更容易种植的植物了。年初时，从蔬菜架上取一些马铃薯，要是能从花园中心得到一些特别的马铃薯种就更好了。在花园里播种，当它开花时，就可以准备收获马铃薯了。这大约在播种后的 10 ～ 12 个星期。

材料和工具

* 马铃薯种
* 蛋格
* 结实牢固的深色塑料袋
* 花盆堆肥（土壤）
* 螺丝刀

螺丝刀
花盆堆肥（土壤）
蛋格
马铃薯种
塑料袋

1 将马铃薯放入蛋格中，芽眼最多的一端朝上，幼芽会从芽眼中生发。将蛋格放在凉爽但阳光充足的窗台上，放置若干周，直至最初的生命迹象出现——长出丰满的绿色小叶。

2 在塑料袋中装入约 1/3 的堆肥（土壤），用螺丝刀在袋底戳几个洞，这样便于排尽多余的水分。

3 在袋中种两三个马铃薯，尖端朝上。

4 用堆肥将它们盖好，袋子填到半满。浇透，放在室外阴凉但没有霜冻的地方。

5 几周之后，等到枝条长到 15 ～ 30 厘米时，将袋中加满堆肥。这被称作满土，作用是阻挡阳光照射，使茎上结出更多的马铃薯。

安全小贴士

使用利器时要特别小心！

23. 在棚屋上种植红菜花豆

红菜花豆是攀爬植物，生长时要用到藤架，因此搭一座棚屋是很好的选择。无论在花园里还是菜园里，棚屋看上去都很合环境。美丽的花朵带着又长又美味的豆荚。如果你每隔几天采摘一次，那么整个夏天豆荚都会源源不断地长出来。

材料和工具

※ 叉子
※ 肥料或花园堆肥
※ 5 根 2 米长的竹竿
※ 园圃合股线
※ 红菜花豆种子

园圃合股线

红菜花豆种子

竹竿

堆肥

1 春天结束的时候，用叉子翻出一片土地，填上一桶肥料或者花园堆肥，两者混合更佳。

2 将 5 根长竹竿插入土中，围成一个直径约 1 米的圆圈。

3 将顶端聚拢，用一截绳子扎牢，形成一个棚屋的形状。

4 在每根竹竿的两侧各种一颗种子，深约 3 厘米左右。浇透。它们很快会破土而出，开始沿着竹竿攀爬。当它们爬到顶的时候，夹除顶部几厘米的茎尖（打顶）。

你知道吗？

红菜花豆起源于热带美洲地区，因此它们喜欢扎根于温暖的土壤这个癖好就不足为奇了。由于生长迅速，短短 7 周你就可以收获满盆的豆子了。

24. 口袋种植番茄

　　用种植袋种植番茄非常合适，因为袋子几乎提供了植物所需的所有养料。你在任何园圃中心都可以买到这种种植袋。用一个塑料漏斗做一个迷你水箱，以便免去经常浇水施肥的烦恼。

材料和工具

* 剪刀
* 一个种植袋
* 三株番茄苗
* 两根竹竿
* 园圃合股绳
* 大塑料瓶

大塑料瓶
番茄苗
园圃合股绳
剪刀
种植袋
竹竿

你知道吗？

　　高株番茄只能保留一个主干。它的侧枝生长在叶子和主干相接处，一旦发现，要立刻摘除。

1 在袋底打上透水孔，沿袋上标记的虚线切一个方形开口。在每个方口中都挖一个洞，栽种一株番茄。

2 在每个方口中插入一根竹竿，并把植株牢牢绑在竹竿上。

3 把塑料瓶的底部剪掉，形成一个漏斗。将漏斗插在植株附近并灌满水。

25. 窗台盆种植

你并不需要一个大花园来专门种植水果和蔬菜——在窗台盆里种一些也是可行的。草莓、灌木、落地番茄的体型都很小巧，完全适于盆栽，萝卜和生菜也没有问题。

材料和工具

* 窗台盆
* 花盆堆肥
* 草莓苗
* 番茄苗
* 萝卜种子
* 生菜种子
* 旱金莲种子

窗台盆
草莓苗
番茄苗
花盆堆肥
旱金莲种子
生菜种子
萝卜种子

1 在窗台盆中填满花盆堆肥（土壤），略低于盆沿即可。

园丁小贴士

如何把一棵植物从花盆中移出呢？首先用手指夹住茎干，把盆颠倒过来。然后用另一只手紧紧挤压盆底，使之松动，这样一来植物就能被毫发无损地移出来了。

2 在窗台盆的后角种下落地番茄苗。

3 在离落地番茄苗约30厘米处种下草莓苗。

4 间隔约1厘米播种萝卜和生菜种子，先撒好萝卜种子，然后再播生菜种子。

5 播一些旱金莲种子在角落里，这样它们就能够蔓过盆沿，垂落下来。彻底地浇一遍水。

26. 制作趣味玩偶九柱

塑料瓶能够制成趣味九柱游戏的柱子，特别是当你把它们描绘成不同的人物。如果找来一个柔软的小球，有趣的九柱游戏就可以立即开始啦。

画笔

小纸球

报纸

白胶

塑料瓶

材料和工具

※ 清洁的空塑料瓶
※ 钢锯
※ 白胶和画笔
※ 小纸球
※ 丙烯酸颜料以及分类配全的刷子
※ 画笔、报纸
※ 不同样式的彩色丝带、强力胶

钢锯

强力胶

颜料

丝带

1 在水中泡掉塑料瓶的商标，按图所示锯掉瓶子的顶端。

2 用撕成小片的报纸包裹瓶子，粘牢、晾干。

3 用强力胶在瓶口粘一个纸质球壳。

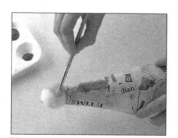

4 给瓶子和小球涂上你喜欢的颜色，晾干。

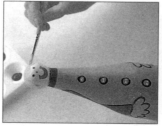

5 然后给每一个柱子画上不同颜色的头发和服饰，使他们成为不同的角色。晾干第2层颜料。

6 用丝带给每个玩偶柱子的脖子上打一个领结。

27. 制作好玩的大脚高跷

你一定会喜欢踩着这双大脚行走。方便的话，量一量要玩这双大脚高跷的人，这样你就能估计出所需绳子的长度了。

材料和工具

* 两只大的空罐头盒，大小要相同
* 柔软的橡皮泥
* 喷涂颜料
* 瓷漆，颜色要与喷涂色成对比
* 星形不干胶贴
* 绳子，长度见上文说明
* 画笔
* 锥子

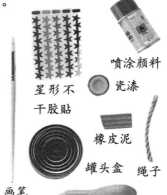

喷涂颜料
瓷漆
星形不干胶贴
橡皮泥
罐头盒
绳子
画笔
锥子

1 去掉罐头盒上的商标。在罐头盒底的两边各贴上一块橡皮泥。用锥子穿过橡皮泥剌出一个洞，然后移开橡皮泥。

2 把罐头盒放在一个平面上喷涂颜料，最好在户外。喷好后晾干。如果需要的话可以重复喷一遍。

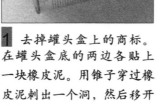

3 用瓷漆涂好罐头盒的顶部，晾干。

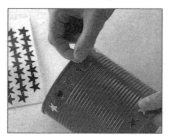

4 装饰上星形不干胶贴。

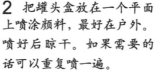

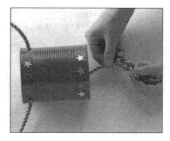

5 按小朋友的身高截取一段绳子，然后从盒内部穿过小孔将绳子引出，再从另一孔穿入，绳两端分别打结。

6 燎一下绳子的末端，防止磨损松脱。这样一只高跷就做好了。按照以上步骤再制作另一只高跷。

28. 制作风筝

在起风的日子取出这只风筝，你一定会玩得忘记时间。选一个鲜艳的颜色作为尾巴，要与风筝形成鲜明对比，它会在天幕上随风舞动！

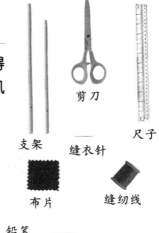

支架　　剪刀　　尺子

缝衣针

布片　　缝纫线

铅笔

材料和工具

* 50X70 厘米的轻薄布片
* 尺子
* 铅笔
* 剪刀
* 缝纫线
* 缝衣针
* 65 厘米结实的细尼龙线
* 2 小片与大布片不同色的布片，用做尾巴
* 直径 5 毫米，长分别为 68 厘米、48 厘米的支架各一根

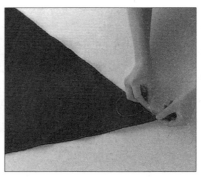

1 将一块布纵向对折。在顶端以下 25 厘米的布边处标记一下，从两端的折点向这个标记剪过去。展开成风筝的形状，把边沿翻折，被剪切的边缘放在同侧，缝合接缝。

2 用尼龙线仔细缝合至风筝两边的两个转角处。

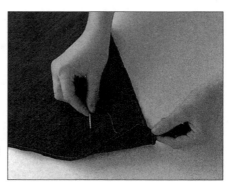

3 每个转角向内折约 1 厘米。间隔 1 厘米缝两道紧固线以插入支架。

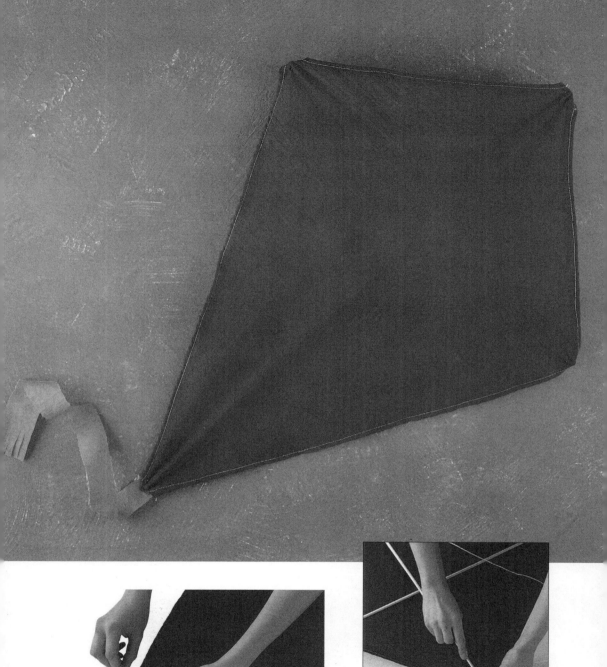

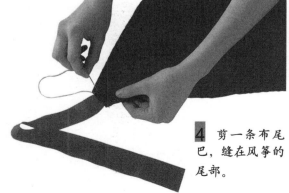

4 剪一条布尾巴，缝在风筝的尾部。

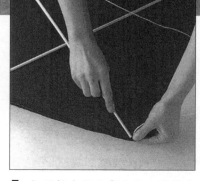

5 把两根支架十字交叉，两端分别插入两道紧固线缝合而成的小孔中。

SUMMER

夏季篇

　　阳光普照，假期来临，美好的夏季时光到了！在一年中的这个时节里，没有什么事比户外活动更好了。大自然展现出它最美的一面，如果在春天播下了种子，你现在就能看到夏花开始绽放，闻起来又香又甜。蜜蜂忙忙碌碌地收集着花粉！如果你去海边游玩，仔细地观察石缝中的水洼，沿着海滩边走边找，你一定会发现许多珍宝——幸运的话你还能带几样"纪念品"回家呢！

SUMMER

29. 测量树的高度

野外指南和其他书籍常常告诉我们大树的高度。但是我们怎样测量呢？

卷尺

铅笔

笔记本

木棍

材料和工具

※ 铅笔
※ 木棍
※ 卷尺或者直尺
※ 笔记本

1 站在大树前方。握住一支铅笔并伸直手臂，保证你能同时看到大树和铅笔。让一个朋友站在树下。

3 将铅笔翻转至水平，保持你的大拇指和树底平齐。让你的朋友沿直线背向大树行走，直到她和铅笔的顶端平齐为止。

2 将铅笔竖起，使得铅笔头和大树顶端平齐。顺着铅笔下移你的大拇指，直到和树底平齐。

4 用一根木棍标记朋友站立的地方。测量从木棍到树底的距离。这个距离和大树的高度相近。在笔记本上记下你的测量结果和结论。

30. 测出树的粗细和年龄

很多树木都非常古老。不过我们还是能够很容易地测出树的粗细和年龄。

材料和工具

* 绳子
* 卷尺或者直尺
* 笔记本
* 铅笔

铅笔　笔记本　绳子　卷尺

1 把绳子绕在树干上，手指卡住绳子交叠处。一棵这样大的橡树应该得有好几百岁的高龄呢！

2 在平地上将绳子拉直，量到你手指卡住的位置。这个距离和树干外圈的距离相等（周长）。

3 圆木上的年轮会告诉我们树木的年龄。树木每年都会长出一个新的年轮。

4 数一数年轮，你能知晓树木的岁数。如果一棵树有150个年轮，那么它就有150周岁。

自然小贴士

下次你散步的时候，仔细观察一下遇到的树木。你发现了多少棵真正的古树呢？古树一定会是最高大或者树干最粗的。

31. 花园"狩猎"

当心了！小心你踩到的地方。一个使人着迷的隐秘世界正在你的脚下活动着。花点时间观察一下，你一定会惊异于这次花园里的"迷你狩猎"！

绳子
竹竿
铅笔
放大镜
笔记本

材料和工具

* 绳子
* 两根竹竿或木棍
* 放大镜
* 笔记本和铅笔

1 用一根长约1.5米的绳子系住两根竹竿或木棍。

2 插下竹竿，绷直绳子，穿越长草丛或者林地边缘。

3 沿着绳子1厘米1厘米地潜行，贴近地面，用放大镜观察。

4 试着在自然书籍的帮助下辨认你的发现，或者开始写一本自然日记，做适当的笔录。

32. 让蜜蜂和蝴蝶入住你的花园

若想吸引美丽的蝴蝶和嗡嗡的蜜蜂入住你的花园，你就要多种植一些它们喜欢的植物，以使它们从附近汇聚过来。很多蝴蝶现在都十分罕见了，所以你种植的蝴蝶们喜爱的植物会帮助它们存活下来。蝴蝶和蜜蜂都很喜欢明媚充裕的阳光，所以要把你的花园建在阳光地带！

植物

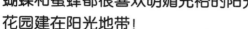
阔口木桶

鹅卵石

花盆堆肥和土壤
泥铲

材料和工具

* 鹅卵石
* 大花架或者阔口木桶
* 花盆堆肥（土壤）或者相同质量的花盆堆肥和花园土的混合
* 一些精选的适合的植物如福禄考、紫苑、薰衣草、马鞭草、半边莲等
* 泥铲

1 在木桶或花架的底部放一些卵石以便排水，然后填满堆肥或者土壤与堆肥的混合物。

2 中间栽种福禄考和紫苑，因为它们的个头儿最高。

3 福禄考和紫苑的边沿种一些薰衣草、马鞭草。

4 外围种一些半边莲，这样它就能顺着边沿蔓垂下来。浇水。

你知道吗？

蜜蜂在采集食物的时候，同时做着重要的授粉工作，这样才能有我们吃的苹果和梨子等水果。

33. 制作一个观察网

这是一个能够短时间观察蝴蝶，而不会伤害到它们的安全工具。

材料和工具

* 网布或纱布
* 剪刀、针和线
* 4 根竹竿
* 昆虫网或渔网
* 笔记本、铅笔

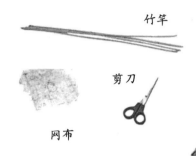

竹竿

剪刀

网布

昆虫网

1 剪一块约 30X30 厘米的正方形网布，一块 120X50 厘米的长方形网布。

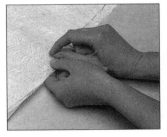

2 将长方形网布对折，缝合重合的 50 厘米边。

3 将正方形的顶缝在长网布的一端。

4 把四根园围竹竿插入土中，搭成一个正方形框架，每竿间距 30 厘米。用网布从上方套住支架。

5 小心地用昆虫网或者渔网捕捉一只蝴蝶，然后轻轻地放入观察网中。不要碰到蝴蝶翅膀，你很可能会伤害到它们。

6 透过网布辨认你的蝴蝶。这是一只龟甲蝶，把它画在你的笔记本上，然后把蝴蝶放生。

34. 灯光陷阱

　　飞蛾和其他一些昆虫在夜晚活动。它们会被电灯泡发出的亮光所吸引。你可以用一个简单装置来捕获它们。

台灯

小收集皿

不干胶带

剪刀

画笔

塑料瓶

材料和工具

* 厚壁大塑料瓶
* 剪刀
* 不干胶带
* 台灯
* 小收集皿
* 画笔
* 《野外指南》
* 笔记本
* 铅笔

1 向大人要一个大塑料瓶，剪下上半截，制成一个漏斗。

2 把上半截翻转，倒立在瓶子的底部里，两部分用胶带粘牢。

3 把粘好的塑料瓶放在户外。放置一个台灯，照在漏斗的顶上，如果台灯太矮，就把灯放在砖块上。

4 让成人把台灯插在附近的插座中。不要在潮湿的天气中使用它。入夜后，打开台灯，点亮数小时。

5 飞蛾向灯光飞去，落入漏斗，然后被困在瓶底。移开漏斗，看看有什么飞蛾和其他飞虫落网。

6 把它们放入小的收集瓶中，用小画笔轻轻扭出来。用一本《野外指南》来辨认，然后在你的自然笔记本中记下笔记并画出它们的图像。最后小心地释放捕获的飞蛾和昆虫。

35. 做一个捕捉网

这是一种实用而简单的工具。它可以用来捕捉飞虫，或在池塘和石缝水坑中捕捞水生动物。

材料和工具

* 长方形网布，90X30 厘米
* 针线
* 铁丝晾衣架
* 剪刀或钳子
* 竹竿
* 联结螺旋夹

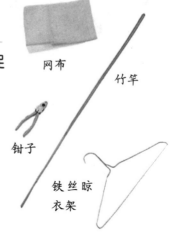

网布

竹竿

联结螺旋夹

线

钳子

剪刀

铁丝晾衣架

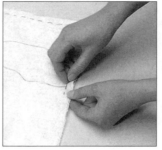

1 将一片网布对折，沿边线和底部缝好。

2 撑开一个晾衣架，折成方形或圆形。

3 沿着网口把网布折好，包住铁丝缝好。

4 用钳子或剪刀剪掉衣钩，拉直亦可。

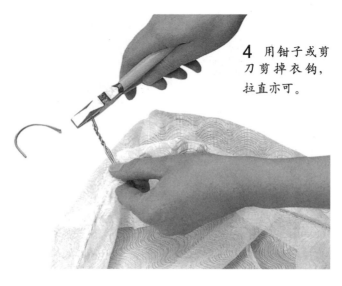

5 小心地把铁丝插入竹竿顶端（你也许需要大人的帮助）。

6 用联结螺旋夹或者一根铁丝紧紧地固定住竹竿和网。这样可以防止在水草丛中打捞的时候网端脱落。

安全小贴士

在将铁丝插入竹竿顶端时，一定要注意安全！

36. 观察石缝水坑

许多小动物如虾米、螃蟹、小鱼都生活在石缝的水坑里。在潮水再次来临前，这里将一直是它们的避风港。

材料和工具

* 渔网
* 桶
* 塑料袋
* 笔记本
* 铅笔

渔网

桶

笔记本

铅笔　塑料袋

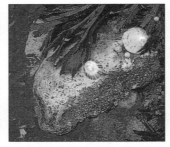

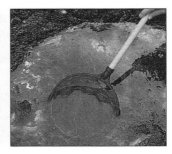

1 潮水退去后，海滩上的小生命必须缩进壳里，或者躲藏起来，等待潮水再次到来。然而，石隙中的小水坑里就截然不同了，动物们依然在自由地游泳和捕食，忙得不亦乐乎。

2 一些动物，如帽贝、海葵等把自己固定在岩石上，它们也能移动，只是很慢罢了。

3 用渔网扫过沙质的坑底，你会捉到埋藏在沙子里的虾米、螃蟹、小鱼。

4 如果你抓到一只螃蟹，那可要小心了。不要粗鲁地辫它，那样会折断它的腿。提起它的背壳会比较安全，而且能避免被夹到。

5 小心地翻起石块，那下面生活着许多动物。一定要小心地把石块放回原位，那样你就不会破坏这个小天地，伤害到其中的居民啦！

6 把小动物收集在一个桶或者塑料袋中。辨认它们，并做好笔记。最后不要忘记把它们重新放回海里，那才是它们的家。

37. 赶海

人人都喜欢去海边嬉戏玩耍，做一回海滩上的自然侦探，看看你能发现什么宝藏。

铅笔

小桶

笔记本

塑料袋

1 寻找海藻和岩石下生活的小动物，那里潮湿、舒适，是它们的天堂。乌贼、螃蟹、海胆以及其他一些动物都常常被冲到岸上。你会在海潮到达的最高处找到它们，那里被称作滨线。

2 在海滩上你会发现各种不同的贝壳。

3 寻找不同寻常的岩石、卵石雕像、化石和矿石。图中大石块上的石洞就是被长在岩石上的蛤蜊钻出来的。看到那个印第安人的头像了吗？那也是从海滩上捡回的，是大自然的杰作。

4 沙子下面住着谁呢？找到蚯蚓洞，向下挖去，找到生活在下面的蚯蚓。收集起找到的小动物和贝壳，放进小桶或者塑料袋中。在你的笔记本中做好笔记，然后把它们放生。

5 很多垃圾被冲到海滩上。绳子、塑料、漂浮物危害稍小一些，但是渔具、瓶子、罐子就会有很大危险。小心，有些会装有危险的化学药品，不要碰它们。

38. 展示滩涂艺术

在海滩上你永远不会感到无聊。在海滩上展现你的手笔，或者创造下面的杰作。

1 收集海滩上的贝壳，然后把它们拼成一幅画。

2 用石块、海藻、羽毛、浮木装饰你的图画。其实任何你能找到和想到的东西都可以。

3 这个浮木小船的船舱和烟囱是石头做的，浓烟和大海由海藻绘成，下面的沙子被划出波纹，如海浪一般。

4 不同形状和颜色的海藻就像花园里的树木和花草。

自然小贴士

给自己的滩涂艺术拍一张照片，如此一来，在海浪带走它们之后你还能记得它们可爱的样子！

5 这张脸孔是海草和石块的完美组合。

39. 制作海藻画

在 100 多年前英国的维多利亚时代，制作海藻画曾是风靡一时的时尚消遣。

材料和工具

* 浅底碟或浅底盘
* 卡纸（纸板）
* 剪刀
* 几片薄海藻（收集尽可能多种的颜色）
* 纸巾
* 报纸

浅底盘

纸巾

卡纸（纸板）

海藻

剪刀

1 在盘中装满水，浸泡一张卡纸（纸板）在里面。

2 剪下一小片海藻，漂在卡纸上面。用手指展开叶片，让它在水中自然漂浮。

3 慢慢地捞出卡纸，轻柔地控干水分。控水的时候拇指按在海藻上，防止脱落。

4 重复放置更多的海藻。用纸巾吸取多余的水分，晾干。如果画片干燥后起皱，就再浸泡一下，轻轻地压在一叠报纸下面，晾干。

40. 收集贝壳

世界各地的海滩上散布着各种各样的贝壳。你可以很快地搜集起一整套漂亮的贝壳，放在盒子里展示或是作为墙上的挂饰，这是很有品位的选择。

卡纸（纸板）

小桶

白胶

清漆

材料和工具

* 小桶
* 《野外指南》
* 笔记本
* 铅笔
* 清漆
* 画笔
* 彩色或者白卡纸
* 白胶

1 在海滩上搜集空的贝壳，放入桶中。

2 在家中用清水将它们全部洗净，在户外放置几天，晒干。如果不这样，就会有异味发出。

3 使用《野外指南》辨认你的贝壳，在自然笔记本中做好笔记并绘图。

4 挑选出每种贝壳中最好的样本，用清漆涂好。

5 把它们粘在卡纸（纸板）上。你可以把精选的卡片保存在一个盒子里，或者固定在相框中，悬挂在墙上。

自然小贴士

一些贝壳是受保护的，不能从海滩移走。请在拿走贝壳前确保没有违反当地的法律。

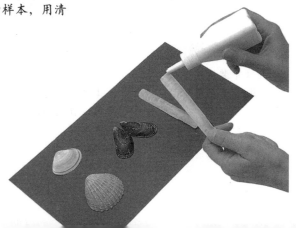

41. 布置迷你池塘

　　没有哪个花园离得开水声和水景。在一个阳光照耀的、炎热的日子里嬉水会是多么美好啊，这个迷你池塘对于鱼儿来说是有点小，但是对于口渴的鸟儿来说却是一个很好的饮水点。任何一个大的容器都可以用做迷你池塘，只要它不漏水就行！洗碗盆有一点太浅，但在紧要关头还是顶用的。像图中这个较深的玩具箱是最理想的。所以呢，腾出一些玩具，布置一个迷你池塘吧！

材料和工具

* 宽大的容器
* 花盆
* 沙砾
* 两种水生植物，如金莎草和龙头花
* 酒瓶盖上的铅条
* 几束制氧水草
* 花盆堆肥（土壤）
* 小型漂浮植物

1 找一个宽大的容器，在底部铺一层沙砾。

2 容器中注满水，大约与边沿平齐。

沙砾

水生植物

容器

漂浮植物　　花盆

制氧水草　　铅条

3 把水生植物（买来时，应该已经装在网兜里）慢慢地沿着容器的边沿放入水中。

4 在制氧水草的根部系一片从酒瓶盖上取下的铅条，固定它们的重心。

5 将束好的水草装入普通花盆中，在表面铺上沙砾。

6 将花盆沉入迷你池塘的底部，然后添一些漂浮植物，如水莴苣和水蕨。把你的小池塘放在花园中的坑洞里，这样才能保持阴凉。

42. 收集蒴果种子

蒴果是一样神奇的东西——一旦接触水和土壤之后，这些小口袋就会迸发出生命。它们也充满了惊喜，你会发现你自己采集的种子会长出全新的品种。

材料和工具
- 纸袋
- 报纸
- 种子盘
- 纸片
- 信封
- 钢笔

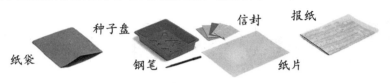

种子盘　信封　报纸　纸袋　钢笔　纸片

1 等到天气干燥的晴天收集种子。不要用塑料袋，用纸袋装好种子。

2 在种子盘底铺一层报纸，把采集的种子倒在上面。放在干燥、温暖的地方一些日子，让它们干透。

3 把一张纸对折，然后打开，留下一条折痕。用手指揉搓蒴果，使种子掉落出来。

4 小心地捡出茎和种子皮。轻轻地吹一下，去除一些较轻的杂质。

5 把干净的种子倒入信封里（把种子聚集在折痕中，这样比较容易倒进信封里）。

6 不要忘记在信封上标出植物的名字——否则你就会忘记这是什么种子了。

43. 建造沙漠花园

如果你梦想着炎热的沙漠和不需要经常打理的植物，那么种植仙人掌和肉质植物再合适不过了。把这盆"沙漠花园"放在阳光充足的窗台上，在夏季要充分浇水，冬季几乎不用浇水。经过这个冬天的休息，一盆仙人掌也许会开出美丽的花朵，给你一个惊喜！

材料和工具

* 花盆
* 特制仙人掌堆肥或者花盆堆肥，鹅卵石，细沙、粗沙的混合物
* 岩石块
* 仙人掌和肉质植物
* 一张折好的报纸
* 沙砾

花盆堆肥（土壤）

仙人掌和肉质植物

报纸

粗沙和细沙

岩石块

花盆

鹅卵石

1 找一只不太深的花盆，开口宽阔，盆底有排水的洞。在底部放些鹅卵石。用特制的仙人掌堆肥填满花盆。

2 在花盆中放置两大块岩石。

3 用一张折好的报纸条包住仙人掌，以防扎到手指，围绕岩石种好。

4 用沙砾盖住土壤表面。在春天和夏天像普通家庭植物一样浇水，但是入冬后，大约每个月浇水1次。

44. 种植野花

　　乡野植物在田间地头自然地生长了上千年。最艳丽的野花当属玉米地里的野花，但是许多品种现今已经非常罕见了。种上满满一大盆野花，放在门前的台阶上，整个夏季就都能欣赏到它们的风姿了。

材料和工具

* 鹅卵石
* 特大花盆
* 花园土
* 一袋野花种

花园土

鹅卵石

野花种子

花盆

1 在盆底放些卵石，利于排水。

3 保持土面平整，然后在土面上均匀地撒一大搓花种。

4 轻轻地撒些土壤盖住种子，然后慢慢地淋洒一些水。

2 在花盆中放入适量的花园土，剔除所有的草根和大石块。

园丁小贴士

　　不要忘记在花儿生长的时候浇水！花盆比花床需要更多的水分，因为花盆里的水会被逐渐排空。

45. 扎稻草人

受够了那些偷吃你珍贵植物的鸽子了吗？给它们一点颜色看看！用身边能找到的零碎杂物制作一个稻草人吧！可以用熟识的人作为模特，给他们一点惊喜！当你的狗朝着稻草人狂吠不止的时候，你就大功告成啦！

材料和工具

* 两根木棒，一根长 1.85 米，另一根长 1.25 米
* 钉子、锤子、铲子
* 旧的枕头套
* 不褪色的记号笔
* 填料，如稻草、报纸
* 塑料袋
* 粗绳子
* 安全大头针
* 衬衫、裤子
* 帽子
* 围巾

衬衫　稻草填料　枕头套　帽子　围巾

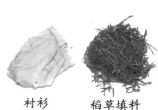

1 把长木棒平放在地面上，在离顶部约30厘米处如图放置短木棒。用一些钉子把它们钉牢。挖一个约30厘米的洞，插入框架，用土填实。

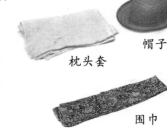

2 在枕套上画一张脸，开口朝下。把顶部的两个角拉拢，系在一起。把枕套用填料塞满。

3 把做好的脑袋放在支架的顶部，把木棒插入填料中。用一段绳子围绕木棒紧紧地扎住枕套的开口端。

4 把裤管口扎起来，用填料填满。

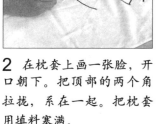

5 裤子挂在框架上。用绳子穿过裤子后面的皮带环并缠绕在短棍的两边。

6 套上衬衫，用填料填满衬衫。这样你的花园里就多了一个永远的免费卫士啦！

46. 制作轮胎盆景

材料和工具

* 彩色涂料（丙烯酸涂料）
* 涂料刷
* 2 个轮胎
* 花盆堆肥（土）和花园土
* 精选的草垫植物

刷上一遍涂料，旧轮胎马上焕然一新，变成种植各种植物的良好容器，还可以搭建一个很理想的小花园。

涂料

涂料刷

花盆堆肥和花园土

草垫植物

轮胎

1 用普通涂料（丙烯酸涂料）刷涂一遍轮胎，任何抢眼的颜色都可以，越鲜艳越好。

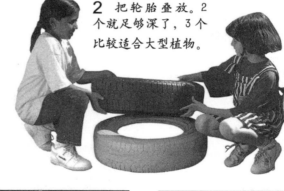

2 把轮胎叠放。2 个就足够深了，3 个比较适合大型植物。

3 用花盆堆肥填满它们，或者用等量的花园土和堆肥的混合物填满。填满轮胎着实需要很多土壤，为了减少用量，可以填一些报纸进去。

4 先放入一些高大的植物，如图中的一棵大波斯菊。

5 围种一些小型植物，如天竺葵、三色紫罗兰和万寿菊等。

6 种一些精致的垂蔓植物以蔓延过边沿。多浇些水可以迅速地启动这个小花园。整个夏天要持续浇水，不要让它太干。

园丁小贴士

你可以在大部分的修车厂免费得到旧轮胎。想要价格经济、生长迅速的植物，可以试一下南瓜属植物。两个轮胎中间可以种上一整圈半边莲，它们生长在那里会十分幸福。

47. 建造微缩花园

就算没有真正的花园你也能成为一个很棒的花园设计者，制造出完美的景观——微缩模型。这要比实际的花园少掉许多工作，但乐趣只增不减。

材料和工具

* 深种子盘或者木盒
* 花盆堆肥（土壤）
* 锡箔馅饼碟
* 小石块
* 树枝
* 酒椰叶纤维
* 常春藤
* 高山植物
* 苔藓
* 粗沙
* 花园家具模型
* 植物的插枝
* 干花

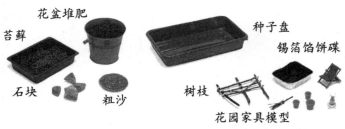

花盆堆肥　苔藓　石块　粗沙　种子盘　锡箔馅饼碟　树枝　花园家具模型

1 在种子盘中填满花盆堆肥（土壤），然后开始安置一些永久性装饰：一个锡箔馅饼碟可以做成一个美丽的池塘，假山用小石块来代替吧。

2 做一个自然风格的围栏，用枯枝围成网格，用酒椰叶纤维系在一起。围栏上攀一些常春藤，这样干看起来会很漂亮，而且它们自己会落地生根。

3 如果你能找得到，高山植物也是很值得引入花园的。它们娇小的身躯对于这个微缩花园再完美不过了。

5 用粗沙铺成道路和院子。

4 用苔藓铺一块奢华的草坪。你在户外阴凉潮湿的地方可以找到它们，或者尝试自己种植苔藓地衣——在一个装有水的小种子盘中撒一些干的苔藓就可以了。

6 把所有你在家中能找到的零碎小玩意儿都点缀上去，制成各类花园家具和装饰物。最后，在花床上铺满干花，以及从各种新奇灌木上剪下的枝杈（最好先征得主人的同意）。

园丁小贴士

　　为了让微缩花园尽量持久，请挑选深些的种子盘、沙盘或者结实的木箱。一个普通的种子盘前期使用还不错，但它们太浅，花园只能维持几个星期。

　　把你的微缩花园放在室内阴凉的窗台上，更好的方法是放在户外阴凉的角落，确保浇足水，夏季至少每天1次。给你一些创意——不要忘记也可以用秋千、堆肥箱、蔬菜畦和塑料瓶做个温室。

48. 种蔬菜意大利面

这是千真万确的！有种南瓜（夏季南瓜）包藏着植物意大利面条。稍作加工，它就会露出美味的珍宝。在烤箱中烘烤，或者用沸水煮软，再加一些黄油揉搓一下就 OK 了！

花盆　夏南瓜种子　花盆堆肥

材料和工具

※ 小花盆
※ 花盆堆肥
※ 夏季南瓜的种子
※ 叉子
※ 肥料和花园堆肥
※ 泥铲

1 在一个小花盆中填满花盆堆肥并把表面弄平整。种下 3 颗种子，压入约 1 厘米深。

2 准备好土壤——用叉子翻好，再加一些肥料或者花园堆肥。

3 等到幼苗长出 3～4 片完整的叶片时，挑一个风和日丽的天气，把它们种到户外选好的地点去。

4 当植株开花的时候，你要充当一下蜜蜂，摘下雄花，把花粉拍落在雌花的柱头中间，使它授粉。

5 这种南瓜是非常喜欢水和养料的植物。当第1朵花绽放之后，在每周的浇花水中加一些化肥。挑那种为鲜花和水果特制的化肥，你将会得到大盘的蔬菜意大利面作为回报。

49. 种植美味的草莓

少了这样一碗新鲜采摘、熟透多汁的撒过砂糖或拌上冰淇淋的草莓，那整个夏天的滋味就大不相同了。草莓轻易而迅速地生长令人惊讶，假如你照顾一下它们，来年就会收获自采自摘的草莓而无须花掉1分钱。每株草莓都会长出几条长茎，沿着长茎会生长出新的草莓幼苗。这些幼苗被戏称为信使，它们可以用盆栽种，来年继续结果。

材料和工具

* 小花盆
* 泥铲
* 草莓植株
* 修枝剪（大剪刀）
* 帐篷钉

1 在一个小花盆中装满花园土。

2 挑一根既长又健壮的枝条，上面要有开始生长的草莓幼苗。在离幼苗较远处剪断枝条。

修枝剪（大剪刀）

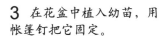

帐篷钉

小花盆

3 在花盆中植入幼苗，用帐篷钉把它固定。

4 把帐篷钉从盆底的洞中穿出。花盆放置在母本植株附近，压进钉子固定花盆。

园丁小贴士

几周之后，草莓幼苗就会在花盆中的土壤里生出自己的根，这时连在母体上的茎干就可以剪断了。用叉子翻出一片土地，加上化肥或肥料，栽下新的植株。

50. 泡制薄荷茶

夏季的清凉饮品中，薄荷片不论是看上去还是尝起来都非常不错，薄荷茶则适合一年四季，不论热饮或冷饮都非常美味。

材料和工具

* 薄荷叶
* 茶壶
* 沸水
* 糖或者蜂蜜

茶壶

薄荷叶

安全小贴士

在倒热水的时候要特别小心。

1 采一大捧薄荷叶。

2 把叶片撕成小片。

3 把撕碎的叶片放入茶壶中。

4 倒入热水，浸泡5分钟后倒出，立即饮用或者冷却后放入冰箱冰镇。需要的话可以加一点糖或蜂蜜调味。

51. 盆栽香草

在各种菜品中，最后总是要加一把香草提味。你可以把这盆香草放在花园中的任何地方，阳台上甚至窗台上。需要的时候，你就能立刻摘到新鲜、香气扑鼻的香草。我的花盆里种了金银百里香，因为百里香是最适合盆栽的香草，它不会长得太大，而且是煲汤、调味不可或缺的好佐料。

材料和工具

* 大花盆
* 鹅卵石
* 花盆堆肥（土壤）
* 精选香草，如咖喱植物、马郁兰、欧芹和百里香。

各种香草

大花盆

花盆堆肥（土壤）

鹅卵石

1 在盆底放入一些鹅卵石，这样利于多余的水分排出。

2 用花盆堆肥（土壤）把花盆基本填满。咖喱植物最高，所以把它们种在中间。

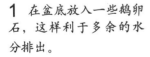

3 在咖喱植物外侧种上马郁兰，因为它是第2高大的。

4 围绕花盆一周，种上欧芹和百里香。需要的时候你就可以开始食用这些香草啦！

园丁小贴士

大型香草如薄荷、迷迭香、茴香，第1年都还不错，但第2年它们会长得过大而不适宜盆栽，并且吞没花盆里的其他植物，所以最好给它们各自一个花盆。记住给你的香草浇足水，但不要过度。

52. 制薰衣草香料

需要一些香料使你的房间清香宜人吗？我有一样好东西——很好用的老式英国薰衣草。将干燥的薰衣草放进碗里或制成香囊放在衣物中。

纸张　　小碗

薰衣草　　剪刀　　酒椰叶

1 在花朵现出颜色，但还没有完全开放时剪下整段薰衣草枝。

2 用酒椰叶纤维把它们扎成松散的小捆。

3 把它们倒挂在温暖干燥的地方一段日子。

4 花完全干燥后从枝条上搓下，用纸张接住。薰衣草保持衣服和房间香气四溢。

53. 压 花

材料和工具
* 鲜花
* 棉纸或者纸巾
* 压花夹或者书本
* 白胶
* 鲜花
* 压花夹

压花是保存和保养花朵的极好方法。一些博物馆里的香料已有好几百年的历史了。压花可以用来制作图片，或者装饰物品。

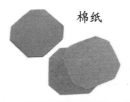 棉纸

 胶水

 鲜花

 压花夹

1 挑选不同种类的花朵。

2 不要去摘野花，除非它们是长在私人土地上——而且必须获得土地主人的同意方可采摘。

3 把花放在压花夹或垫好棉纸的图书中。如果使用图书，要确保花中的汁液不污染书页。

4 展开花瓣，用另一张棉纸盖住它们。盖上压花夹的盖子，或合上书本，然后拧紧压花夹上的螺栓，或者在夹着花的书本上再摆一些书籍。在温暖干燥的环境中放置至少两星期。不要经常翻看，否则花朵不会完全干燥。

5 等花干了以后，小心地移动，并将它们用白胶粘到纸上或卡片上，用它们来装饰卡片、彩纸或任何您想装饰的东西。

54. 制作干花香料

干花香料能保持房间和储存的亚麻布芳香宜人，这种方法已经有几个世纪的历史了。

薰衣草
鲜花
香草
锡箔盘
肉桂棒
剪刀
线绳

材料和工具

* 鲜花
* 新鲜的香草，比如薰衣草和迷迭香
* 剪刀、线绳
* 锡箔盘或盘子
* 香料，比如肉豆蔻粉、肉桂棒
* 密封的罐子或袋子

1 找一些花朵和香草。图中这株植物是薰衣草。

2 剪下香草，把它们扎成捆。图中这株植物是迷迭香。

3 把成捆的香草倒挂在温暖的地方晾干。

4 把新鲜的玫瑰花瓣，小花苞、花芽、香草叶、香草花放到一个锡箔盘或盘子里，置于温暖的地方如通风的碗橱或者散热器附近晾干。

5 当香草和花朵完全干燥后，剥下香草束上的叶子。把它们放在盛有干花瓣和干花骨朵的瓶子里。

6 加入香料（如果你想使用的话）并混匀。如果你乐意，可以加些香水油并混匀。放入密封的罐子或者袋子里。使用的时候倒入一个浅底碟或者小篮子中，那样花朵、香草、香料的香气就可以飘散到空气里去了。

AUTUMN

秋季篇

夏季悄然结束，大自然开始为将要来临的冬天做准备，但这并不意味着你会没有什么东西可探索！众所周知树木在秋天落叶，但你是否收集过落叶，制作过落叶图案的摹拓，作为卧室墙壁上的画片呢？等到树木光秃秃的时候，你可以好好地观察它们。最美妙的就是：为什么不试着亲自动手种一棵幸福树呢？

AUTUMN

55. 认识树木的结构

树木是植物世界里的巨人。看看你能否在一棵树上找出以下不同的结构部分。

1 叶片：叶片有许多形状和尺寸。有些是锯齿边，有些则分成许多小叶。松树叶片就像一根根缝衣针。

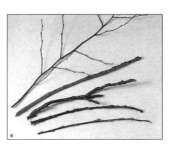

2 树枝：在冬季，树枝可以帮助你辨认出树的种类。从上到下，这些树枝依次是白桦、岑树、苹果树、橡树和柳树。

3 树皮和树根：我们并不经常看到树的根部。这几棵柳树长在池塘边。你能看到精美的发丝般的须根吗？

4 花：有些树木会开出带花瓣的花朵，但大多数树木只有绿色或黄色的柔荑花（没有花瓣的花）——一种一点也不像花的花朵。

5 果实：树木的果实和种子种类繁多。水果和坚果被想要以它们为食的动物传播开来。其他种子则会长出翅膀，像直升机一样在天空中自由地旋转。

6 球果：松树通常都是常青的，叶子在冬天也不会脱落。它们的叶子就像缝衣针一样，果实被藏在松塔（松树的球果）中。

56. 种棵祝福树

种树是很有意义的一件事。它比我们活得更长，长得更高，所以有什么比种树更好的方法来庆祝婴儿降生、生日来临或者家人团聚呢？树木非常重要，因为它们制造所有生命赖以呼吸的氧气。没有谁的花园有空间种得下雄伟的橡树或是海滨树木，但是你可以种小一些的品种如白面子树。这种小树的叶片有泛着银色光泽的白色底面，它还能开出芬芳的白色花朵和结出鲜艳的红色果实。

1 移去草皮，挖一个至少比花盆深 7.5 厘米的深坑，把挖出的所有土壤放在一片塑料布上以保持花园的整洁。

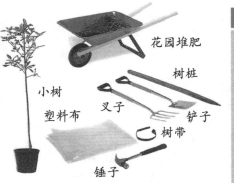

花园堆肥
树桩
小树
塑料布
叉子
铲子
树带
锤子

材料和工具

* 铲子
* 塑料布
* 叉子
* 肥料或者花园堆肥
* 小树、树桩
* 锤子
* 两根树带

2 把坑底的土壤用叉子翻一遍，多加一些肥料或堆肥。这会增强树的营养，同时也帮助保持树根下部土壤的水分。

3 小心地把树取出花盆，在坑中放好。

4 把树桩放进洞中靠近树根的地方，用锤子固定。树桩低于第 1 根树枝。

园丁小贴士

大约 3 年，当小树完全立足以后，树桩就可以完全移开了。

5 把土填回
到坑中，将
树根周围轻
轻压实。

6 系上两根树带，
一根在树桩底部，
一根在树桩顶部。
最后，好好地浇一
次水，让它开始健
康长久地生长。

57. 认识大树上的生命

许多动物把家安在树枝和树叶上。敲打一下树枝，找出茂密叶子中隐藏的小昆虫。

笔记本　铅笔　木棍　白纸　收集瓶

1 选择粗大的树枝，在下面摊开一张纸或者布片。

2 把树枝拖到纸张或布片的正上方，用棍子敲打。不要敲得太用力，那样会折断树枝。

3 昆虫会掉落在纸张或布片上。用画笔把它们拈起来，放进收集瓶中。

4 用放大镜、昆虫盒和《野外指南》来辨认捕获的样本。在笔记本中给所有的发现列一个名单。树上究竟有多少不同种类的动物呢？用铅笔画下它们的样子。

5 释放你捕获的昆虫，最好是在捉到它们的那棵树下，至少要在安全的地方。现在，试着敲打另一种不同树木的树枝。哪种树上昆虫的种类多一些呢？

58. 做一名自然侦探

不论何时，当你外出走近一棵树的时候，仔细寻找住在树上的小动物留下的线索。睁大眼睛，仔细倾听。做一名自然侦探！

塑料袋

收集盒

铅笔

笔记本

1 寻找动物进食留下的痕迹，如松鼠、老鼠等小动物啃过的松塔，坚果以及水果。搜集这些标本，并记录在你的笔记本中。

2 寻找巢穴。这些洞穴大都在空心树干的下面，里面通常住着狐狸。在上方的枝干中查找，也许能发现啄木鸟或其他鸟类的巢穴。

3 寻找虫洞。许多昆虫和它们的幼虫在树木中挖洞，图中坑道就是简蠹的杰作。

4 寻找腐烂的树木。啄木鸟会在腐烂的树木上打洞，寻找蛀蚀树木的昆虫。其他的动物会刮擦树干来捕捉树干中隐藏的昆虫。

59. 观察石块和圆木下的世界

许多小生命生活在土壤里，包括那些圆木、岩石、石块下的阴暗潮湿的地方。

材料和工具
* 画笔或镊子
* 收集盒
* 笔记本
* 铅笔
* 《野外指南》

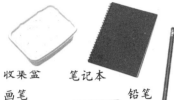

收集盒　　笔记本

画笔　　　　　铅笔

1 找一块砖头、石块、岩石或者圆木，看一看下面有什么。你也可以在木板或者其他花园废弃物下面找一找。

2 轻轻地搬起石块，看看是否有生活在下面的小生物。慢慢地用画笔或镊子拈起下面的生物。

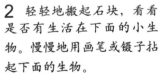

3 把你发现的所有动物都放入一个收集盒中。轻轻地把圆木或石块滚回原处，防止下面的小世界干旱荒芜。做好笔记，绘出图形，用一本《野外指南》来辨认出找到的动物。

4 幸运的话你会发现一些大点的动物，如青蛙、蟾蜍、蝾螈（火蜥蜴）等。当你做完记录后，把它们带回原处放生。

60. 设置隐形陷阱

隐形陷阱用来捕捉地面行走的小昆虫。

材料和工具

※ 小泥铲
※ 收集罐
※ 4 块石头
※ 扁平的大石块
※ 木片或树皮

石块

扁平的石块

小泥铲

收集罐

自然小贴士

不要忘记在研究完这些虫子后，把它们放归自然。

1 挖一个收集罐大小的洞。

2 把罐子放入洞中，确保罐口和地面平齐。填满边沿周围的缝隙。

3 在罐口周围堆放 4 块石头。

4 在 4 块小石头上放置一大块扁平的石块和一片木片。放置一夜。第 2 天一早去看看是否有甲虫或其他动物落入陷阱中。

61. 收获秋天

每一年秋天都伴着水果、蔬菜、坚果、浆果的大丰收。各种动物在漫长的冬季岁月前有了充足的食物。看看你能否找得到下面列出的品种。

塑料袋

收集罐

剪刀

材料和工具

* 篮子或塑料袋
* 收集罐
* 剪刀，用于剪断样本

1 长在树篱中的浆果，如接骨木果和黑莓，可以做果酱、水果甜点和酿制农家酒，这已经有好多个世纪的历史了。

2 水果有许多不同的种类。这些肉质水果能吸引动物食用它们以传播种子。

3 坚果有坚硬的盔甲来保护里面的种子。

4 种子的数量非常多，为鸟类和动物提供了充足的食物。

5 这些果实能在风中飘荡。每颗种子都有精致绒毛或蓬松软毛形成的微型降落伞。

6 有些果实上有倒刺，可以抓牢动物的皮毛或我们的衣服。落到地上后，长成一棵新植物之前，它们会被带到好几千米以外的地方。

62. 收集秋天的落叶

　　每年秋季，落叶植物都会脱下美丽的叶片。一薄层墙壁般的细胞长在叶柄与茎的连接处，之后叶片就开始微缩，死亡，脱落。树叶死亡后，颜色变成黄色、棕色、橘黄色、红色或紫色。收集落叶，用它们做一幅拼贴画。

材料和工具

* 落叶
* 报纸
* 书本
* 大信封
* 白胶
* 卡纸（纸板）或纸张

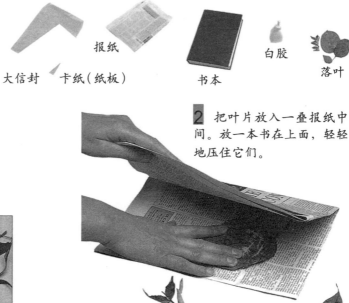

报纸　大信封　卡纸（纸板）　书本　白胶　落叶

2 把叶片放入一叠报纸中间。放一本书在上面，轻轻地压住它们。

1 尽可能多地收集各种不同的落叶。

3 你可以把压平的落叶收集在信封里，直到需要时再取出。

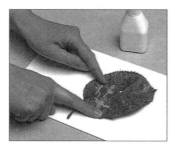

4 把叶片粘在一张卡纸（纸板）上。

5 收集不同种类的叶片做一个精选集，或者制作一幅拼贴画，用来装饰贺卡也不错。

63. 建一所私人博物馆

随着时间的推移，你将会收集一大叠天然的小玩意儿。

找一个安全的地方存放你的标本，笔记和图片。你可以把它们放在箱子里或是橱柜中。如果你能找到一张闲置的桌子，就能着手建立起自己的自然博物馆，展示像图中一样的精美藏品。

标本可以放在干净的塑料瓶中，或是粘在卡纸（纸板）上，这样看起来既整洁又美观。可以用双面胶带或强力白胶粘牢羽毛或者其他"宝贝"。

仔细看看对面的图片。许多小制作都可以在这本书里找到。打开本书，开始为你的私人博物馆或自然书桌收藏物品吧。

64. 制作堆肥

没有哪个花园离得开堆肥桶。这是一个循环利用食物废料，把它们变成土壤养分的最佳方法。可以在堆肥桶中混合一些叶片，但在秋天，最好单独收集和制作树叶堆肥，因为它们需要较长的时间腐烂，通常要接近两年。

材料和工具

* 1.5 米长的线网或塑料网
* 绳子
* 4 根竹竿
* 报纸
* 剪刀
* 卡纸（纸板）
* 塑料袋

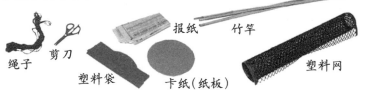

绳子　剪刀　塑料袋　卡纸（纸板）　报纸　竹竿　塑料网

1 把一片线网或塑料网用绳子缝合在一起，形成一个圆柱体。

2 将 4 根竹竿均匀地插入网中。竹竿至少要比圆柱体的高长 20 厘米。用线绳把竹竿绑在网上。

3 将竹竿插进土地里，这样就能将网安全地固定。

4 用较多的旧报纸将桶壁围起来。

5 开始加入一些原料，如菜叶、旧茶包、香蕉皮等。切碎修剪下的枝干，放入桶中。

6 用卡纸（纸板）剪出一个盖子，中间粘一层塑料袋，以阻挡雨水。当桶装满后，待其自然腐烂后方可使用。

65. 启动春天

材料和工具

* 大花盆
* 小石块，用于排水
* 花盆堆肥（土壤）
* 郁金香球茎
* 桂足香、勿忘我、
  雏菊、三色紫罗兰

在薄雾蒙蒙的秋日，春天似乎是遥远的事情，但园丁必须想在时间前面。如果你想有一盆花在明年早春的时候问候你，那么现在就该是种植的时候了。有几百种不同的春季开花植物的球茎可选择，也可以混合配套种植勿忘我、雏菊、三色紫罗兰或是桂足香等，可不要搞错啦。也许你会想知道郁金香是怎样在其他植物的夹缝中生长的，因为它们一定找到了一种提高茎干强度和稳定性的方法。

桂足香

勿忘我 石块

花盆堆肥

郁金香球茎

大花盆

1 用最大的花盆，在盆底的洞上放一些石块，防止花盆堆肥（土壤）掉落出来。

2 在盆中填大约 2/3 的花盆堆肥（土壤）。

3 种植大约 5 个郁金香球茎，确保尖端向上，放好。

4 用一把花盆堆肥（土壤）盖住球茎。

5 用手挖几个洞，栽上 3 棵桂足香，均匀地隔开。如果不小心挖到郁金香球茎，要把它重新填好。

6 剩下的空隙用勿忘我、成对的雏菊或三色紫罗兰填充，混合种植亦可。给所有的植物浇足水。

66. 以少变多

香青草

手叉

　　冬天凋谢，春天复苏的植物被称为多年生植物。此类植物价格比较贵，放在大盆中出售，所以能将它们分成好多株，也许能够1株变成3株。

　　图中的多年生植物叫作香青草。叶子上的白色绒毛给了它银光闪闪的亮丽外表，一串串星星点点的白花更是可人。花朵可以被剪下晾干，保存完好。

材料和工具

※ 一盆合适尺寸的香青草
※ 两把手叉
※ 泥铲

园丁小贴士

　　你同样可以对紫苑、猕猴草、龙吐珠、圣母百合、羽扇豆等植物使用这种方法。

1 将植物连土取出花盆，背靠背地把两把手叉叉入植株中，一把在中间，另一把靠近边沿一点。

2 小心地将它们拉开，轻轻地将植物分成两部分，一份大一些。

3 将大份的植物再分一次，取出被破坏的根系，疏松其他完好的部分。

4 把各份分种在花床中，间距约30厘米。彻底地浇一遍水。

67. 建一座玻璃花园

材料和工具
* 沙砾
* 玻璃碗
* 木炭
* 花盆堆肥（土壤）
* 精选小型家庭植物
* 带竹竿长柄的勺子和叉子，用于种植

欢迎来到玻璃花园的世界，这里的植物都长在透明的广口瓶中。图中是一个迷你热带雨林，不需要浇很多水，因为水分会自然循环。几乎所有形状和尺寸的广口瓶或碗都可以变成一个玻璃花园，所以找找看你有些什么。大的糖果（蜜饯）瓶是最好的选择，但我打赌你不会经常有机会使糖果瓶变空。

叉子　勺子　沙砾　花盆堆肥　盘子　玻璃碗　木炭　家庭植物

1 在瓶底放厚厚一层沙砾。

2 在花盆堆肥（土壤）中放两把木炭，然后填瓶子至1/3处。

3 开始时通常种一些较难在室内生长的精美植物。图中为一株银蕨。

4 然后加入一株切花菊和一株小非洲紫罗兰。

5 最后加一株粉露草和一些苔藓，就大功告成了。现在给它彻底地浇足水，启动水分循环。

你知道吗？

玻璃瓶中水的循环方式和地球大气层中水的循环方式基本相同。在瓶子里，水汽从土壤表面和植物身体中蒸发出来，但并不上升，形成大气层中的云朵，而是聚集在玻璃的内壁，滑落下来（就像下雨），这样植物又得到了浇灌，循环完成。

6 在顶上放一个盘子或盖子，封住玻璃花园。

68. 种植花生

大多数人都喜欢吃花生，但令人惊奇的是大部分人对这种植物的来历都知道的甚少。事实上，花生并不是严格意义上的坚果，反而与豆类有些渊源。花生体型小巧，只能活一个季节。子房在授粉后由于需要在黑暗和潮湿的环境里发育，所以就会弯腰垂落到地面上，把它们自己埋在土壤中，长出果实或者说"坚果"，这就是落花生名称的由来。

花盆堆肥（土壤）

花生

保鲜膜　　　花盆

1 找一个装满花盆堆肥（土壤）的大花盆，轻轻把表面压平整。用手指沿中线把花生挤开。

2 把花生自然放置，约7～8颗，间距均匀。

3 用大约2厘米的花盆堆肥（土壤）覆盖好它们，浇透。

4 用保鲜膜将整个花盆覆盖起来，以保持足够的温暖和潮湿，促使它们生长。发芽后，移除保鲜膜，这大约需要2周时间。

69. 如何利用水果子

你最喜欢的水果是什么呢？——多汁的橘子、清脆的苹果、还是酸涩的柠檬？此类水果的共同优点就是：都会结出能长出新植株的子（种子），所以，不要把子丢进垃圾箱，试着种植它们。你也许会种出有趣的室内果树，而无须额外的付出，只要几颗子和一点耐心就够了。

橘子　　　柠檬

花盆

1 当你吃水果的时候，尽可能地留下所有的子（种子）。

4 浇透，放在一个阳光充足的窗台上。

2 用花盆堆肥填满一个小花盆，轻轻地将表面压平。把水果子（种子）种入堆肥（土壤）中，均匀地将它们隔开。

3 然后用大约1厘米的花盆堆肥覆盖。

园丁小贴士

发芽后，把它们移入单独的盆中。有些子需要1个月时间才能发芽。

70. 花盆中种菠萝

材料和工具
* 菠萝
* 小刀
* 鹅卵石
* 花盆，盆口直径约 10 厘米
* 沙子、花盆土
* 塑料袋
* 绳子

菠萝的茎叶会长成郁郁葱葱的室内观赏植物。菠萝来自热带地区，在那里很容易结出果实，每棵植物的中心都只长一个菠萝。有许多关于 150 年前英国温室里生长出精致美观的菠萝的报道，所以，不亲自种植一下，你永远也不会知道自己是否有好运种出漂亮的菠萝。

花盆　小刀　菠萝　沙子　绳子

鹅卵石　塑料袋　花盆堆肥（土壤）

1 切除菠萝的顶冠，连带大约 2 厘米的果肉部分，放在一边晾干。

2 在花盆底部铺一层鹅卵石以便排水。

3 把等量的沙子和花盆堆肥（土壤）混在一起，制成轻质、透水性良好的混合土。

4 用花盆土和沙子的混合物填满花盆，轻轻压平。

5 把切好的菠萝顶冠放入合适的位置，用花盆堆肥（土壤）盖住肉质部分。

安全小贴士

使用任何锋利器具的时候，都要特别小心！

6 浇好水，然后把整个花盆放入塑料袋中，扎紧袋口，以保持空气温暖而潮湿。最后将其置于一个温暖的窗台上。

园丁小贴士

大约1～2周后，解开袋口，放入一些空气。当你发现中间的叶片开始再次生长的时候，那就意味着生根成功了，这时可以去掉塑料袋。不要忘记在菠萝生长的时候浇水。

71. 种植热带植物

除去菠萝，其他种类的外来热带植物可以用果实中的种子或者子来种植。

小刀

花盆

塑料袋

纸巾

花盆土

筛网

新鲜的水果

1 吃掉水果，留下种子。在筛网中洗净种子。找一个大人帮你用锋利的刀去除种子上残余的果肉。把种子放在纸巾上晾干。

2 在花盆中填满花盆土。在土壤中种下种子，再添一些土壤盖住种子。

3 浇水，把花盆放入一个塑料袋中，置于温暖处。有些种子会很快地发芽，有些则要久一些。当苗芽一露头，立刻移掉塑料袋。把花盆放在窗台上。当植物长大后把它们移植进较大的花盆中。左上图中的植物就是由超市水果的种子培育出来的。

72. 制作水芹蛋壳

只要有水分，种子就能在许多不可思议的地方生长。享受种植这些水芹蛋壳的乐趣，之后你还可以食用长出的水芹。

材料和工具

* 两个鸡蛋
* 小碗
* 棉絮（棉球）
* 水
* 水芹种子
* 彩色颜料
* 画笔

颜料

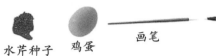
水芹种子　鸡蛋　　画笔

1 小心地将鸡蛋从中间打开，把蛋清和蛋黄倒入一个小碗中。

2 在冷水中蘸湿一团棉絮（棉球），在每个蛋壳中塞进一团。

3 在棉絮上撒播少量的水芹种子。把蛋壳在黑暗处放置2天，或者直到种子发芽，然后再转移到一个明亮的地方，比如窗台等处。

自然小贴士

寻找其他长在不寻常处的植物，如在屋顶上、墙上和岩石上。

4 在每个蛋壳上画一个鬼脸。一段时间后给蛋壳理一次发，把"头发"当作三明治的馅料。

73. 小木棍变节奏棒

细枝可以制成良好的打击乐器——节奏棒。下次你去公园或森林的时候，找两根大小、粗细都差不多的树枝。确保树枝已经干透，那样在你相互敲击它们的时候才能敲出清脆的声音。如果你愿意的话，在给它们上好颜色后，可以用无毒的工艺清漆把表面密封保护起来。

材料和工具

* 两根树枝
* 白色、红色、绿色和黄色的广告颜料
* 画笔
* 调色盘
* 剪刀、彩绳

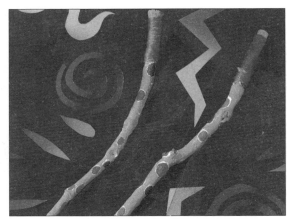

画笔

剪刀　　　广告颜料　　绳子　　　　树枝

1 去掉树枝上的树叶并剥去树皮，把它们涂成白色，然后晾干。

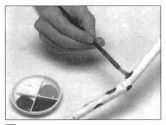

2 在白色的颜料层上涂上装饰性的红绿斑点。斑点要大小各异。

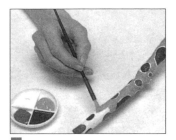

3 当斑点干燥后，用黄色颜料填充斑点间的空隙。在圆点周围留一小圈白色。

4 剪两段长的彩色绳子。每根棍子后端系上一根。在棍子后端一圈一圈绕好，制成手柄。绳子的末端要扎紧，防止它们松脱。

74. 制作自然储物罐

如果你在秋日的乡间或公园里散步，可能会找到细枝、种子荚、冷杉球果等等，它们可以用来制作可爱的装饰。一个普通的纸板盒被涂成绿色，然后加上一排排的橡子、种子荚以及大大小小的冷杉球果，可以使它变得更加漂亮。要找大人看看找到的东西是否安全。使用前，小心地将它们洗净。

材料和工具

* 绿色广告颜料
* 画笔
* 调色盘
* 带盖子的纸板盒
* 橡子（橡树果），冷杉球果和种子荚
* 强力无毒的胶水

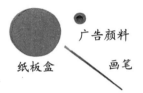

纸板盒　广告颜料　画笔　胶水

大冷杉球果

橡子

小冷杉球果

种子荚

1 把盒盖和卡纸盒用广告颜料涂上颜色，并让它干透。

2 在盒盖的边沿排上一列橡子，用胶粘牢。

3 在盒盖中央粘上一个大的冷杉球果。在大球果和橡子之间的盒盖顶上，粘一些小的冷杉球果。

4 在盒子外壁等距离地粘上一列种子荚。等胶水完全干透后再使用盒子。

75. 制作自然相框

这个木质相框是由波纹（瓦楞）纸板制成的，并且覆盖了树枝和小片的树皮。你在乡间散步的时候可以收集到这些树枝树皮。相框的中间有一个相片夹，可以从上面把照片放进去。你还可以把冷杉球果粘在树枝上，使相框被装点得更漂亮。

材料和工具
✳ 尺子
✳ 铅笔
✳ 波纹（瓦楞）纸板
✳ 剪刀
✳ 强力无毒的胶水
✳ 粗树枝、几片树皮

波纹（瓦楞）纸

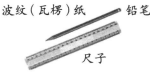
铅笔 尺子

剪刀 胶水

树枝和树皮

1 按照书中相框的样式，在波纹（瓦楞）纸板上量出框架的组成结构。把它剪成一块一块的。

2 把相片夹粘在相框后面，确保纸板的边沿对齐。

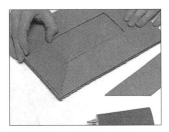

3 把前面的部分粘在相片夹上，完成相框。

4 在相框的周围粘上树枝和树皮。小心地挑选每片木材，要自然符合相框的形状。多粘几层树枝，达到更好的立体效果。

5 在一片纸板上给相框剪出一个支架。

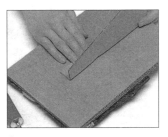

6 在支架的长边折出一条边，在折边上抹一点胶水。把支架粘在相框背面的中部。使用前要把它晾干。

76. 烤制叶子首饰

我们可以用树叶或其他自然"纹理"作为模型和式样，制作一些炫目的首饰。这些首饰制作起来很容易，是馈赠亲友的绝佳礼品。

铅笔 雕塑黏土 小刀 首饰配件 树叶 锡箔盘

<table>
<tr><td>

材料和工具

＊ 雕塑黏土

＊ 树叶

＊ 钝刃小刀

＊ 银色或金色雕塑粉末

＊ 锡箔盘

＊ 清漆

＊ 画笔、铅笔（可选择）

＊ 白胶

＊ 首饰配件

</td></tr>
</table>

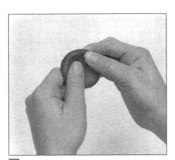

1 用手指捏软黏土，直到变成一个薄片。

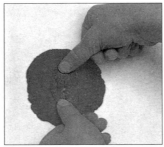

2 把黏土放在一个平坦的表面。将一片树叶紧紧地压入黏土。

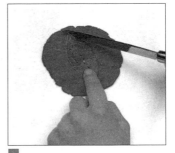

3 用不太锋利的刀子沿叶片的边沿切割黏土。

4 移去叶片。接着小心地提起黏土片，然后把它弯折成自然叶片的形状。如果你要做一个挂饰或者钥匙扣，就用尖头铅笔在叶片上穿一个洞。

5 撒上金色或银色的雕塑粉末，放在一个锡箔盘子或碟子上，然后将其放在烤箱里烘干。

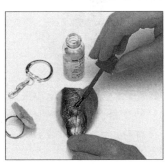

6 上一层清漆，用胶水粘好配件。

安全小贴士

在将制成的首饰放入烤箱时一定要由大人帮忙，同时要按照黏土生产商的要求来加以烘烤。

77. 缝制起绒草老鼠

以前，起绒草被用来梳理待纺的缠在一起的羊毛。现在，你可以用它们做一个动物小家庭。

材料和工具
✲ 起绒草球
✲ 剪刀
✲ 圆形布片，半径为 23 厘米，用做身体
✲ 针线，大头针
✲ 绒毛玩具填充物
✲ 长方形布条，23X10 厘米，用来做爪子
✲ 长方形布条，40X10 厘米，用来做衬衫
✲ 白胶
✲ 珠子，用来做眼睛和鼻子
✲ 渔网线或者棉线，用来做胡须
✲ 毛毡、绳子、花边、丝带等装饰物

起绒草球

绒毛玩具填充物　　白胶

剪刀

花边

布料

1 收集长在树篱上或者路边上的起绒草。摘下茎秆上的绒球。要小心，他们浑身都是刺，很容易伤人。如果你不太容易找到它们，那么在花卉商店里通常会有用做干花装饰的起绒草出售。当然，你同样可以用松果（松塔）来完成这些小老鼠。

2 在圆形布片的周围缝上一圈连续的活动的线绳，制成小老鼠的身体。将两个线头拉在一起。

3 在中间放一些绒毛玩具填充物如棉絮、布条等。

4 在填充物上方放一个起绒草球。绕着起绒草球拉紧刚才缝好的线绳。打结扎牢。

5 接着做爪子。把小长方形的布条向中线对折，然后再对折。沿长边缝合，并用大头针钉好。

6 沿大长方形布条的一条长边缝一条活动的线绳，制成小老鼠的衬衫。拉紧，绕在起线草球的颈部，这样衬衫就会盖住整个身体。把刚才缝好的"爪子"绕在颈部，然后缝在衬衫上。在头上粘好眼睛、鼻子、渔网线或棉线做的胡子、毛毡做的耳朵以及细绳做的尾巴。最后，装饰上丝带、花边、帽子、围裙、斗篷等其他衣饰。做一个完整的老鼠家庭吧！

WINTER

冬季篇

　　冬季是一年中特别的时刻：大自然似乎隐藏了它的踪迹，但如果在正确的地方做一点调查，你就会发现那些终年定居那里的小动物的蛛丝马迹。为了让鸟儿拜访你的花园，你可以造一个鸟巢箱或者鸟食盒（给鸟投食）。如果为它们准备好美味佳肴，你就能看到它们在整个冬季来来往往，使你的花园热热闹闹！

78. 绘制自然地图

绘制一张你家附近地区的地图。你可以利用它设计出一条充满自然风光的小路。带着你的朋友观赏沿路的风光，用沿路出现的各种动植物给他们一个惊喜！

材料和工具

* 笔记本
* 铅笔
* 彩色铅笔

铅笔

笔记本

彩色铅笔

1 绘一张地图，标出所有在你家附近你能看到的街道、马路、建筑物以及其他人造结构。把它们涂成灰色或其他合适的颜色，如棕色。

2 在各自的位置上画出花草、树木、树篱以及其他各种植物。画上绿色的阴影。

3 画上所有的水坑、池塘、小河、岩石、圆木、围栏以及其他你能看到的特殊景物。

自然小贴士

用这些笔记和图画绘制一幅你居住地区的大型自然地图。

4 在你的地图上标出你发现的所有动植物的位置。有些动物也许会走动，那就用圆点线标出它们的活动路线。你也许会发现一些线索（如脚印、粪便等等），那些地方用叉号或者圆点表示出来。

79. 记录旅途中的见闻

汽车旅途有时候会漫长而乏味。在你的笔记本上列一个见闻记录单来打发时间吧！你可以核对沿路所见的所有自然景物。

材料和工具
※ 笔记本
※ 铅笔
※ 彩色铅笔

铅笔

彩色铅笔

笔记本

1 给你路途中见到的鸟类做一个清单，并记录下你见到的各种鸟类的数量。

2 寻找路边不同种类的花草树木。寻找不同颜色的花朵和不同类型的树木。记录下你见到的各种植物的数量。

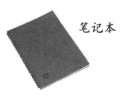

3 给你路途中见到的动物做一个清单，可以包括农场动物。记录下你见到的各种动物的数量。

4 给你路途中见到的生态环境做一个清单。记录下你到的不同环境的数量。

80. 蛛丝马迹

下面有些追踪生活在附近的动物的线索，就算你没见过它们，也一样能知道它们的存在。

1 粪便：这是一只水獭留下的。发现于河边的小路上。你能看到鱼骨和龙虱翅鞘吗？这些都是水獭大餐的残留物。

2 捕食的痕迹：我们常常能够看到动物被捕食的地方。这些羽毛和兔子骨骼是被一只狐狸留下的。

自然小贴士

你在任何地方都能发现这些蛛丝马迹。有时你会在非同寻常的地方找到。你能看到这只蜗牛在房屋墙壁上爬上爬下的痕迹吗？

3 窠臼和洞穴：这些东西告诉了我们动物的住处。你能看到通往这个洞穴的泥泞小路吗？

4 其他迹象：许多动物会在身后留下抓痕或其他痕迹。这些皮毛被夹在了一个篱笆的铁丝上。

81. 观察地鳖虫

地鳖虫不能在干燥的环境下生活。下面这个实验会显示出它们如何积极地寻找潮湿的住所。

材料和工具

* 收集盒
* 两张纸巾
* 浅底塑料盘
* 报纸

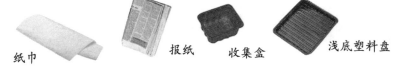

纸巾　　　报纸　　收集盒　　　浅底塑料盘

1 在石头、砖块和圆木下寻找一些地鳖虫，把它们放进收集盒中。

2 把一张纸巾对折，平铺在盘子的半边。

3 把第2张纸巾对折，打湿，放在盘子的另一半。

4 把地鳖虫倒在盘子中央，盖上报纸。等待30分钟，掀起报纸。地鳖虫都跑到哪边去了呢？

82. 制作饲虫箱

蚯蚓实在是一种神奇的生命，我们常常把它们称作土壤的救兵。它们能保持土壤健康，通过取食土壤中的植物残骸，开掘出便于空气和水分流动的通道。饲虫箱是一种利用厨房废料制造花盆堆肥的极好用具。相比于肥料桶，这种方法规模小、见效快，产出的肥料非常适合栽培植物。最适宜在饲虫箱中生长的蚯蚓，当然不是普通的泥地蚯蚓而是沙蚯蚓（虎纹虫），大部分渔具店都有售。

手钻

花盆堆肥（土壤）

植物茎叶

垃圾桶

沙蚯蚓（虎纹虫）

报纸

沙砾

材料和工具

* 手钻
* 小垃圾桶
* 沙砾、报纸
* 花盆堆肥（土壤）
* 沙蚯蚓
* 蔬菜茎叶

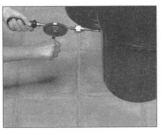

1 在距盆底2.5厘米的小垃圾桶上钻两排排水孔。在顶部再钻一排排气孔。

2 在盆底铺上一层10厘米厚的沙砾。

3 铺上一层湿报纸，防止堆肥（土壤）掉落在沙砾上。

4 接着铺上一层10厘米厚的花盆堆肥（土壤）。

5 现在放入一把沙蚯蚓，如果不愿意赤手的话，可以戴上手套。

安全小贴士

在使用任何种类的钻子时都要特别小心！

6 加上一薄层蔬菜茎叶，用厚厚一层报纸盖住。几个星期后蚯蚓就会在它们的新家里安顿下来。在蚯蚓没有处理掉上一批蔬菜茎叶前不要再放入蔬菜茎叶，每次要少放入一些。

你知道吗？

蚯蚓最喜欢的食物有香蕉皮、茶叶渣、胡萝卜和土豆皮以及各种绿色茎叶。它们对橘子皮或者柠檬皮不太敏感，所以最好把这些东西拿远点。

83. 制作小鸟餐桌

野生的鸟儿也需要喂食，特别是在冬天这样食物紧缺的时候。有些人认为不应该在春天给小鸟喂食，因为雏鸟会被花生之类的食物哽住，所以一年中的这个时候最好不要拿花生喂食。你需要一个成年人帮助你完成这个项目。

材料和工具

※ 4 根木条，长 27 厘米
※ 正方形木板，30X30 厘米，约 1 厘米厚
※ 钉子、刷子、锤子
※ 清漆
※ 带眼螺钉
※ 绳子（可选择）

锤子

木材

钉子
带眼螺钉

绳子

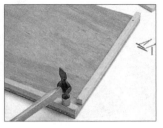

1 沿着正方形木板的边沿钉一些细木条。在每个拐角处留下一些空隙，便于排空雨水。

4 同样的，也可以在上表面的每个拐角处装上螺丝。把两根绳子的四端分别穿过 4 个螺钉眼打结。然后，你就能把这个"餐桌"挂在合适的树上或钩子上了。如果你的花园里有猫，那么挂桌将是最好的选择。

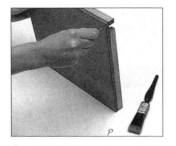

2 刷好清漆，晾干。在木板下方装几个带眼螺钉。以后你就可以利用这个装置悬挂一些食物了。

3 把板子固定在一个较高的柱子上。在板子的中央钉上两三颗钉子，要穿透木板，插入下面的柱子中，使"餐桌"牢固。

84. 给小鸟喂食

在冬季选择下面的方法给鸟类喂食。

花生网兜　猪油　塑料罐　　面包　花生　绳子

碎肉皮

玉米棒

干燥鸟食

1 干燥的食物最容易在户外存放。给鸟类喂一些谷物、向日葵子（瓜子）、花生（春季不要使用）、面包和蛋糕屑。不要忘记给它们一小碗水喝。

2 悬挂的食物能够让鸟类停落在食物上。在下方的螺钉眼上挂一些穿在绳子上的花生、半只椰子、干的甜玉米棒、粟米或其他种子头。你也可以把这些食物挂在附近树木的树枝上。冬天投喂花生时，把花生仁放在花生网兜里。

3 小鸟蛋糕是为寒冷冬季而准备的丰盛大餐。把猪油或者其他相似的固体油质放在暖和的地方软化。捣碎放入谷物、蛋糕屑、面包、碎熏肉及肉皮的混合物。搅拌均匀。

4 压紧放入超市包装中，如塑料罐和塑料格。然后放在电冰箱中，直到定型。定型后，把小鸟蛋糕从罐子中倒出，放在小鸟餐桌上，或者挂在桌下的网兜中。

85. 在夜晚观察动物

　　许多动物在我们睡熟的时候才来拜访我们的家和花园。如果我们幸运的话，有时候能够看到它们。如果没有，我们可以第2天找找它们留下的线索。

皮筋　　红色绵纸　　手电筒

1 用红色绵纸或玻璃纸遮住手电筒的光束，用皮筋扎牢。你可以用红光照在动物身上而不至于吓走它们。

2 夜幕中，在大树、古旧建筑、电灯的附近寻找飞动的蝙蝠。有时候你能听到它们在捕食飞蛾和其他飞虫时发出的尖锐的吱吱声和滴答声。

3 寻找诸如粪便、捕食痕迹、破坏过的花园、掀开的垃圾桶等线索（浣熊和狐狸经常把它们打翻）。

4 你可以放出一些食物作为诱饵，吸引野生动物和鸟类进入你的花园，但是要得到父母的允许才可以。试一试使用猫粮、面包、谷物、花生、花生酱等等。

86. 搭建一个隐蔽所

隐蔽所能让你不被察觉。你可以仔细观察动物而不会吓到它们。在小鸟餐桌附近建一个隐蔽所，观察来觅食的鸟。

竹竿　布料　剪刀　绳子

自然小贴士

把本子和铅笔带进隐蔽所中，那样你就能记下你所看到的动物了。之后在野外指南中查找，辨认那些你看到的动物。

1 在地面上插入 4 根竹竿。

2 在顶部的四周系上剩下的 4 根短竹竿。

3 盖上布。

4 用安全别针连好边沿，但要留下足够大的空间供观察用。

87. 建一个池塘

建一个池塘，吸引更多的野生动物进入你的花园。你一定会惊讶于昆虫和其他生物搬进来使用这个池塘的速度。

塑料布　　铁锹　　报纸

1 在大人的帮助下，用绳子标出池塘的形状或者仅仅在草地上画一条线。用铁锹铲掉上层地表的草皮。

2 给池塘挖一个坑。试着挖出不同的层次。去除坑底的大石块。

3 坑底垫上报纸、旧毛毯或者沙子。

4 盖上一层塑料布或者池塘防水衬垫。小心地覆盖衬垫，形成池塘的形状。不要站在坑里，那样你会在衬垫上弄出破洞。

5 在衬垫的边沿上放置土壤、原木或者石板。确保衬垫的边沿及周围完全被覆盖。在池塘中注满水，澄清。

6 放入生长在花盆里的水生植物、鱼类和其他池塘动物。种一些生长在池塘边上的花草。几个月后你将会有一个自然和谐、美观大方的池塘！

88. 培育卷曲豆藤

材料和工具

※ 纸巾
※ 果酱瓶
※ 豆子或豌豆种子
  如法国豆、红花
  菜豆、绿豆等

这里有一个简单的种植实验，你可以轻松地在家中完成。

 绿豆

 纸巾 果酱瓶

1 把一张纸巾对折。卷好后塞入瓶中。

2 在纸巾和瓶壁间放入几颗豆子。在瓶底倒入一些水，深约2厘米。

3 当豆子发芽长出一根长茎的时候，把瓶子侧放。

4 把果酱瓶放在窗台上，保持转动，这样出芽就会被转离阳光的方向。不久你就能培育出卷曲的豆藤。

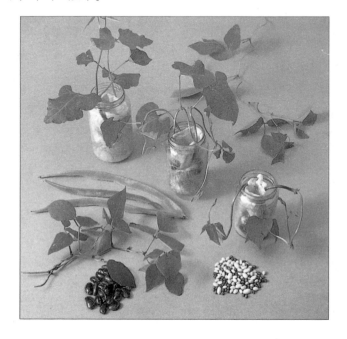

89. 变出七彩旱芹和七色花

这个实验就像变了一个魔术！你可以把白色的花朵和旱芹变成几乎所有你喜欢的颜色。

墨水　旱芹　白花　果酱瓶

1 在果酱瓶中装半瓶水。

4 你可以使旱芹或者花朵变成一半一种颜色，另一半其他颜色。纵向分开旱芹或花茎，一半放入一种颜色的果酱瓶中，另一半放入第2个盛有不同颜色的瓶中。

2 加入一些墨水或染料。

3 在墨水或染料溶液中插入一些旱芹或花朵。

90. 堆砌假山

假山花园的魅力之一，就在于它让你能够在你自己的花园里制造出一片山坡或一座山峰。布置调整山石，直到你对它们的位置满意为止，后退几步，给整体效果拍一张照片。

高山植物　　岩石　　粗沙　　花园土

独轮车　泥铲　　园艺手套

1 带上园艺手套，把一块大岩石放进坑里，坑要足够大，能埋没石头的 1/3。将石块背部稍微倾斜，然后压紧土壤。

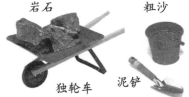

2 在第 1 块的两侧分别排列另外两块岩石。间隙用花园土填满。多用些土，垒出一个土墩。

3 在第 2 层上再放 2～3 块岩石，确保它们牢固可靠。然后再填一些土。

4 最后在顶部放最后一块岩石，确保石块仍有 1/3 被盖住。

5 石缝间种一些高山植物，在种植坑的底部放一小把粗沙——山坡上的土壤比大多数花园里的土壤排水快，高山植物不喜欢脚下一片潮湿。

6 在植物周围的土壤上覆盖一层粗沙，使假山完美无缺，同时阻止水分在植物周围形成的水坑中聚积起来。

91. 种植虎耳草

　　植物有非常聪明的繁殖方法。许多植物每年产生几千颗种子，希望它们中有少部分能落到肥沃的土地上。虎耳草却不这样，它在叶片的中部生长出幼苗。如果你把这些幼苗插入一盆花盆堆肥（土壤）中，它们很快就会自己生根。

材料和工具

* 小刀
* 虎耳草
* 小花盆
* 花盆堆肥（土壤）
* 一小截铁丝
* 塑料袋
* 绳子

花盆和堆肥

塑料袋

铁丝

虎耳草

绳子

园丁小贴士

　　虎耳草大约 2～3 周可以生根。你可以分辨出它什么时候生根了，因为中间的叶子在生根后将会开始生长发育。在这时需要再次浇水——当花盆变轻时就要浇水。

1 用小刀切下一片又大又健康、中部长有小植株的叶片。

2 在一个小花盆中填满花盆堆肥(土壤)。把叶片放在表面，用U型铁丝将它固定下来。

3 彻底地浇水。

4 把花盆放入一个塑料袋中，顶部用绳子扎好。

92. 制作草娃娃

草娃娃懒洋洋地躺在窗台上，成为你最好的伙伴。种一个满头绿色长发的酷哥，或者按时修剪，种一个干净整洁的帅哥。制作它们几乎不要什么花费，作为礼物送给朋友也非常有原创性，当然，如果你舍得送给别人的话！

袜子　剪刀　毛毡　花盆堆肥（土壤）　草籽　绳子　棉线

织物胶　纸杯

1 剪下一只旧的薄袜子或者厚的长筒袜（连裤袜）的脚底部分，留下约10厘米的袜腰。

2 在脚趾顶端放入一大把草籽，把它压成厚厚一层。

3 把脚趾部分填满花盆堆肥（土壤），每把都要压实，这样你就得到了一个形状良好的头部，而且非常结实。尺寸看你的需要定，但是越大越好。

4 像系气球一样系住末端，用绳子或结实的棉线扎紧开口也可以。在中间揪起一团，底部用皮筋扎住，形成鼻子。

5 用毛毡剪出眼睛、嘴巴、小胡子或络腮胡子。用织物胶将它们粘在合适的位置上。放置一夜，晾干。第2天早晨，把头部安放在一个装满水的纸杯中。

自然小贴士

　　草娃娃底部的织物会从纸杯里吸取水分。注意不要让纸杯变干，否则草会变得枯萎，将其放在窗台上，保证其充足的光照。

93. 建自己的室内花园

蕨类植物生长在石缝间隙和林地中潮湿的地方。你可以把它们种在一个大广口瓶或水瓶中。自己做一个室内蕨类花园。

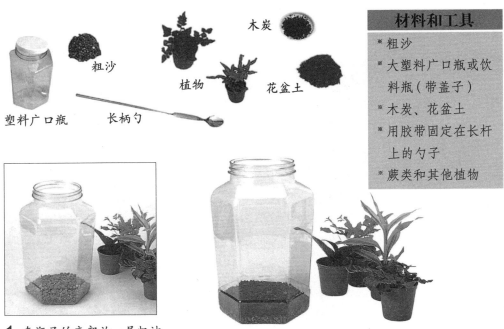

木炭

粗沙

植物

花盆土

塑料广口瓶   长柄勺

材料和工具

* 粗沙
* 大塑料广口瓶或饮料瓶（带盖子）
* 木炭、花盆土
* 用胶带固定在长杆上的勺子
* 蕨类和其他植物

1 在瓶子的底部放一层粗沙。

2 上面再铺一层木炭。

3 盖上一层花盆土。利用长柄勺，让土面变得平整、光滑。

4 再次使用长柄勺，植入蕨类和其他植物。

5 轻轻地加入足够的水分，使土壤润湿。

6 盖上盖子。湿气会被保留在瓶子中，所以植物很少需要浇水。

94. 做一只淡水水族箱

池塘动物在水族箱中非常容易饲养。观察一下你的池塘动物忙忙碌碌的生活。

材料和工具

* 水族箱沙砾
* 桶、大玻璃缸
* 报纸、水生植物
* 石块
* 贝壳（可选择）
* 小鱼或者其他从池塘或小河中捕获的动物

报纸

石块

水族箱沙砾

玻璃缸

1 在桶中清洗沙砾。在自来水下连续冲洗。你必须彻底做好这个工作，去除石块上的泥土，否则它们会使缸里的水变得混浊。

2 在注水之前，先将沙砾放入玻璃缸的底部，注意不要把缸放在阳光强烈或者水温容易升高的地方，否则你的动物会很容易死掉。

3 在沙砾顶上放些报纸。缓慢地把水注到报纸上。这样不会让水太混浊。

4 水会略有混浊，所以让水澄清几天。

5 放一些水生植物和石块。用石块压住水生植物的根部，防止它们漂浮在水面上。如果你使用了贝壳，则需确保在清水中洗净它们，以去除可能携带的盐分。

6 放入你在池塘或小河里捕获的动物。如果你打算在水族箱中养鱼，则需要选择小一些的，否则它们会吃掉其他池塘生物。

95. 制作彩绘花盆

材料和工具

* 小黏土花盆
* 白色基底颜料
* 陶瓷颜料
* 画笔
* 笔
* 剪刀
* 制模卡纸
* 洗碗海绵巾

彩绘的花盆制作起来既便宜又有趣，而且非常非常有用。它们也是展示你园艺成就的绝佳作品。我采用黏土花盆，它们质量上呈，而且有弹性。马口铁罐也能产生同样好的效果。

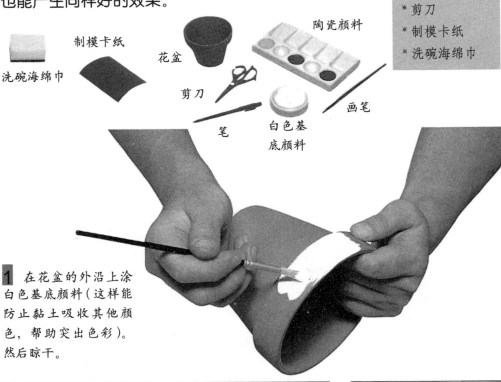

洗碗海绵巾　制模卡纸　花盆　陶瓷颜料　剪刀　笔　白色基底颜料　画笔

1 在花盆的外沿上涂白色基底颜料（这样能防止黏土吸收其他颜色，帮助突出色彩）。然后晾干。

2 在一张纸上绘出简单的树叶和花瓣的图样。

3 小心地镂空图样，制成模板。

4 用剪刀把洗碗海绵巾剪成小块。

5 把模板放在花盆边沿上。在海绵的边角上蘸一些陶瓷颜料，轻轻地在模板上拍打。小心地提起模板，围绕花盆重复进行。

6 用画笔完成细节工作，如花蕊或叶柄。

96. 制作松果挂饰

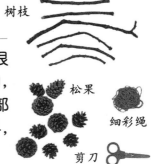

树枝

松果

细彩绳

剪刀

松果是十分可爱的东西，制作成挂饰看起来很不错。这个挂饰的横梁是由不同长度的树枝制成的，松果被挂在不同的高度。松果是组成冬天的重要部分，你可以把你的横梁涂上金色或银色的广告涂料，制成一个圣诞挂饰！

材料和工具

※ 剪刀
※ 细彩绳
※ 松果
※ 两根细枝、一根分杈树枝

1 截取不同长度的绳子，每根绳子系住一颗松果的顶端。在一个短枝的两端各系一个松果。

2 两根树枝间用绳子连好，上下交错，构成挂饰的形状。

3 在挂饰较低的部分系上更多的小松果。把它们悬挂在不同的高度上。

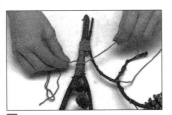

4 在上方树枝上系一根分杈的大树枝。用缠绕的绳子把它们紧紧捆在一起。在挂饰顶部系一根长绳作为挂带。